JN016035

野生動物医学への挑戦

寄生虫・感染症・ワンヘルス

浅川満彦

東京大学出版会

An Overview of Wildlife Medicine
on Parasites, Infectious Diseases and 'One Health'
Mitsuhiko ASAKAWA
University of Tokyo Press, 2021
ISBN 978–4–13–062229–5

はじめに

　私は寄生虫学および寄生虫病学を専門にするが、その研究人生の半ばで野生動物医学という別の学問を兼任することになった。このような中途半端、かつ、新たな立場で、私は感染症全般と関わり、けっきょく、野生動物医学が獣医学あるいは生物科学のなかで、どのような位置づけにあるのかを模索しつつ、この分野を根づかせることに挑戦することになった。本書はその道程の一部を披瀝した。そうはいっても、「ああ、新型コロナウイルス感染症（以下、COVID-19）に乗っかった企画だな」と思われるだろう。お気持ちはわかるが、背景・目的とも、そこにはない。それはご自身で確かめていただくとして、この本をどなたにお読みいただきたいのかを示す。

　まず、野生動物および動物園水族館（以下、園館）動物、愛玩鳥、エキゾチック動物（以下、エキゾ）など少し変わった飼育動物に興味を持つ一般市民、なかんずく、これからこのような動物について学ぶ、あるいはそのような大学に進学し、将来、これら動物と直接的・間接的に関連する職に就こうとしている学生・生徒、加えて、そのような大学に社会人入学を目指す方々を標的にしている。もし、手っ取り早く、将来の職に関してお知りになりたいのなら、最後の第6章から読み始め、次いで、第2章をご覧いただくことを推奨する。

　また、こういった動物にはまったく興味はないが、なんらかの形で関わらなければならない生産動物（牛や豚、鶏などの典型的な家畜・家禽）や伴侶動物（あるいは愛玩動物と称される犬や猫などのペット）に関連しておられる方々、もちろん、このなかには獣医師・動物看護師が想定され、卒後教育の一環としておつきあいいただきたい。とくに、第3章から第5章およびその参考文献（巻末）は、一般書を超える事例を詰め込んでいる。日ごろの業務で感染症や寄生虫病に悩まされる場合、手がかりを得られるかもしれない。

　しかしほんとうは、具体的な夢（好きなモノゴト）がなく悶々としている高校2年生前後の君たち、あるいは獣医・動物系大学で、ゼミ選びに悩んでいる学

部生諸君にとって、本書の言説はまちがいなく参考になる。ゼミは、大学によっては研究室、教室、講座あるいはユニットなどと呼称されている。要するに、大学の研究を推進する実行部隊である。具体的には、獣医大生が、4年生前期あたりに所属する場で、その選択では心を病む場合もあるほど、学生諸君は相当苦悩する。毎年、そのような姿を見るたびに、こちら（教員）もつらい。第6章で述べるように、学生によっては、その後の人生の分水嶺を決める場ともなるので、苦悩して当然。安心してほしい。そのヒントが、本書には必ず隠されている（そのような方は、辛抱して最初からお読みを）。

　国内の獣医師を養成する大学（以下、獣医大）は17校あり（うち私立は6校）、私が勤務するのは、北海道で唯一の私立の獣医大、酪農学園大学獣医学群獣医学類である（以下、本学）。私は、そこで、野生動物医学を基盤とした寄生虫病などの感染症を追究するゼミ（正式名称は医動物学ユニット）を主宰している。このゼミでは、当然、野生動物もだが、前述した典型的な生産・伴侶動物以外の一切合切の飼育種を扱うことになった。そのような、なんじゃもんじゃ的な動物は、バイオリスク面で難があり、「同じ建物のなかで扱うのはまかりならん！」となった（まあ、当然だろう）。そして、本学に野生動物医学センターWild Animal Medical Center（以下、WAMC）という施設が、文部科学省（以下、文科省）の競争予算で設置され、以降17年間（2021年4月現在）、その運用を任されている。当然、医動物学のゼミ生も引きずり込まれ、その施設を拠点に活動をしている。そのためなのかどうなのか、多くのゼミ生が、卒後、園館やエキゾの獣医師になり、あるいは関連分野の大学院生や公務員などとなっている。なかには、日本の野生動物医学を牽引するようになり、私を顎で使うものも出てきた。

　本書刊行の背景と想定読者は以上のとおりであるが、もう少し概要を示す。まず、なぜ、私が寄生虫（モノ）を志向し、そのなに（コト）を明らかにしたかったのか（第1章）、なぜ、野生動物（医）学も教えるようになったのか（第2章）、寄生虫あるいは寄生虫病を含む感染症発生と野生動物などとの関係はどのようなことなのか（第3章と第4章）、それを予防するにはなにが必要か（第5章）、そもそも野生動物医学とはどのような学問で、なぜ、日本で新興したのか（第2章）、その職域とはなにか（第6章）などを話題にする。したがって、たとえば、もし野生動物医学という学問の実態も気になるならば、第2章からお読み

いただきたい（ほかは読み飛ばしても、話は通じる）。

　最後の第6章で、COVID-19 のように野生動物に端を発し、次々に来襲する感染症の予防のため、次世代の人材養成の提案をした（乗っからない！ と冒頭で宣言しつつ、ちゃっかり便乗しているところがご愛嬌）。いや、それ以前に、みなさんの生き方に、本書内容の一部が〈感染〉すれば、大団円。

目次

1 寄生虫はどこからきたか

1.1 寄生虫学事始め

(1) なぜ、寄生虫なのか

　一般に、自然科学系の大学に進学した場合、学部・学科の性質により、将来の職がある程度規定される。実際に、私が進学した獣医大でも、まわりは獣医師となり伴侶動物あるいは生産動物（前述）の診療を夢見る者ばかりであった。しかし、私の場合はさまざまな動物にはさまざまな寄生虫がいるだろうからという目論見で獣医大に進学した。そして、大学在学時は、寄生虫を愛で、獣医師免許を得て、その後はのんびり考えるつもりであった。

　寄生虫を進学のよすがとした背景には、① 幼少時、糞の上で回虫（線虫）がクネクネしていたのを目撃したこと（駆虫薬効果確認のため、母親に命ぜられ庭で脱糞）、② その駆虫薬を処方した診療所待合室の蠟製の人体寄生虫標本（ムラージュ。要するに 3D 標本；図 1-1）が妙にほしかったこと、③ 小学校時代、保健室にあったオドロオドロしい日本住血吸虫（扁形動物）のポスター（図 1-2）に魅かれ、④ なぜ、この吸虫が山梨県にしかいないのかと疑問を持ったこと（このポスターもほしかった）、⑤ 同じく小学校の生物部で、田んぼのアオミドロを顕微鏡でのぞき、線虫がクネクネした姿が焼きついていたこと等々を、高校 2 年ごろの進路決定という外圧のなかで次々と思い出した。

　後年、日本住血吸虫は国内外に広く分布することを知るが（実際、教員となって授業で教えている）、山梨県ではこの吸虫による疾病を〈地方病〉と称すほど、県民は甲府盆地だけのコトと信じていた。淡水中の幼虫が皮膚に侵入するので（図 1-2）、田んぼや池に素足で入ってはいけないという教育が徹底していた。

　だからといって、この病をなんとか制圧してやろうという高邁なことは一切考えず、「いろいろな動物には、きっと、いろいろなクネクネがいる」と単純に

図1-1　蠟製の人体寄生虫標本の全体像（左）と拡大像（右）

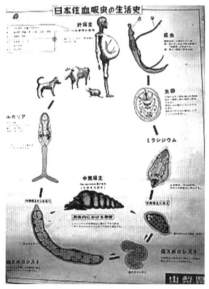

図1-2　山梨県庁が発行し、県内の小学校に配布
した日本住血吸虫の生活史を示したポスター（この
図左中央にある尾が分かれたセルカリアという幼
虫が人や動物の皮膚に侵入して感染）

信じ、私は獣医大進学を決めた。なお、ここまでお読みになり、山梨県民の健康を案ずる読者もおられると思うが、地方病こと日本住血吸虫症は、1996 年 2 月、県知事から終結宣言がなされ、その後も再興の兆しはない。

　繰り返すが、ちょっと変わった生き物（モノ）への憧憬だけで獣医大進学を決めたので、後年、野生動物医学担当として、〈傷ついた野生動物を保護する獣医さんを目指す〉真摯なまなざしと向き合うと、今でも、つい怯んでしまう（なお、この〈保護〉は救護：第 6 章）。また、〈獣医〉という語は卑称と受け取る獣医師もいる。とくに、臨床系でそのような傾向があるようなので、本書でも可能な限り〈獣医師〉と記す。もちろん、獣医療を目指す方々は、これを気にとめてくださると、獣医師と対峙した場合、無難であろう。

(2)　退屈な家畜の寄生虫

　さて、私は獣医大で希望どおり寄生虫のゼミ（医動物学教室；医動物学については第 3 章）に所属した。ゼミでは病理学ゼミが主導する病理解剖に呼び出され、牛の双口吸虫類 *Calicophoron* spp. および *Paramphistomum* spp.、ベネデン条虫（扁形動物）、牛捻転胃虫（線虫）、馬の葉状条虫（図 1-3 左）、馬回虫、大円虫類 *Strongylus* spp.（線虫）、ウマバエ類 *Gasterophilus* spp. の幼虫（昆虫；図 1-3 右）などに遭遇した。

　同業者（獣医大の寄生虫学ゼミ教員）が、これら寄生虫名をご覧になれば、いかにも生産動物中心の獣医大らしいラインナップ！ と感心してもらえるかもしれない。そう、本学は、1964 年、生産動物医療の獣医師を輩出するために設置された獣医大なのだ。それに、都市近郊の獣医大では、家畜搬入数がめっきり

図 1-3　馬剖検時に得られた葉状条虫（左；盲腸に吸着）とウマバエ幼虫（右）

激減し、このような寄生虫を得る機会が少なくなったこともある。

　それはともかく、本書の読者のみなさんは同業者ではないので、いきなり、寄生虫の名前がたくさん、ちょっと、無理……と感じていらっしゃるだろう。できるだけ抑える。が、残念ながら、本書では、これからも寄生虫や感染症の病原体の名前が登場してしまう。しかし、もし、これがつらいのならば、読み飛ばしてもまったくかまわない。そのような場合でも、「はじめに」で宣言したように、話が通ずるように作文しているので。

(3)　寄生虫の名前のお約束

　一方、辛抱してお読みの方もいらっしゃるので、寄生虫の名前について約束事を示す。先ほど羅列した生産動物の寄生虫の名前には漢字、カタカナおよび横文字が入り混じっていた。まず、動植物の標準的な和名がカタカナで記されることをお聞きになった方がいらっしゃるかもしれない。たとえば、〈ウマバエ〉は漢字で記すと〈馬蠅〉となる。しかし、これは、たとえば、獣医学教育モデル・コア・カリキュラム（以下、コアカリ；第2章）という獣医大の指導要領に準拠した教科書（たとえば、巻末の主著で列挙）では、〈ウマバエ〉と表記されている。蠅なんて、ちょっと書けないし、若い人なら読めない場合もあろう。そのようなことを鑑み、カタカナ表記になった。ほかに、ダニ・シラミはカタカナで記され、少なくとも、寄生虫学のコアカリ教科書では〈壁蝨〉あるいは〈虱〉とはなっていない（それ以外の分野では〈虱〉程度の漢字は出てくるかもしれないが……）。

　同じように、コアカリ教科書では〈双口吸虫〉と表記され、〈ソウコウキュウチュウ〉とはならない。こちらの漢字は、〈壁蝨〉のような手強い漢字ではなく、そういったものまでカタカナにすると、かえって混乱する。だが、ここまで説明しても、釈然とされないかもしれない。私自身も線引きがむずかしい。論文や専門書ばかり書いてきたので、一般書を書いた経験がほぼなく、こういった問題を考えないできた。とくに、自然科学領域の論文では、共通言語が英語となり、こういった日本語独特の心配は皆無であった。とりあえず、本書記載では、原則、コアカリ教科書にしたがうものの、「これはカタカナのほうがいいな。いやいや、漢字だろう」的な雰囲気で使い分けている。ご了承願いたい。名前についてまだ続く。〈双口吸虫類〉の次にある横文字は、この吸虫の仲間

Calicophoron という属名で、いちいち種は列挙しないが、複数の種であるという場合〈spp.〉と記される。また、類縁関係にあるものの集合を〈類〉と表記し、属から目までのレベルを漠然と指す場合に使用する。ちなみに、属はわかっていても、種小名が不明あるいは決まっていない単一種は〈sp.〉となる。本書作成にあたり、学名のラテン語（横文字）の表記はカタカナ表記にしてはどうかという意見もあった。もし、これが採用されれば、たとえば、*Calicophoron* ならばカリコフォロンとなり、かえって読みづらい。加えて、怪しげな〈あえてのカタカナ表記〉では、みなさんが検索エンジンで調べる際、拒否されてしまう危険性もある。よって、標準的な和名がない場合は、しかたなく、そのままのラテン語表記とした。野生動物の寄生虫には和名がなく、横文字の羅列が多くなるが、ご理解いただきたい。

　前置きが長くなったが、話を戻すと、病理解剖で出会った生きた扁形動物や線虫などの寄生虫は期待どおりクネクネと運動していた。この運動様式が、これらが蠕虫と称されるゆえんである。英語の一般名では helminth だが、本書では、ときどき、ヘルミンスとカタカナ書きをする。日本語としての市民権を獲得したいからだ。以上のように、クネクネ、すなわち、蠕動運動や蠕くの〈蠕〉が蠕虫の蠕である。とくに断らない限り、以下の寄生虫とは蠕虫を指すことにしよう。

　繰り返すが、蠕虫とは、外見や運動で付せられた俗称に近い名詞で、学名のように約束には縛られない。また、かつては、クネクネして自由生活をする動物も蠕虫に含まれていたが、近年では寄生虫学のみで頻用されている。しかし、念のため、〈寄生の〉という形容詞がついて、このような背景から、成書や論文の題名で parasitic helminth（寄生蠕虫）と記すことも多い。なお、2020 年に公開された韓国の映画『パラサイト——半地下の家族』で、すっかり定着した感があるが、parasite とは寄生虫（名詞）、parasitic は形容詞である。

　ウマバエ幼虫（節足動物；図 1-3 右）は、馬の胃に寄生し、体外に糞と一緒に出て翅の生えた成虫になる。そのため、通常、蠕虫とは見なされない。けれど幼虫は、しっかりクネクネする。さらに、シタムシ類のような寄生性甲殻類も（第 4 章）、その成虫の外見は蠕虫的である。よって、本書ではこれら寄生性の節足動物も蠕虫に含める扱いとなる。

6

(4) 馬に恋されて

　さて、ゼミ活動に戻るのだが、来る日も来る日も、同じ寄生虫ばかりであっ
ては、さすがに飽きた。優れた駆虫薬の普及や飼育環境の改善などで多くの生
産動物から、こういった寄生虫が姿を消しつつある今日、まことにぜいたくな
経験ではあったが、それは後の話である。1980年代前半、駆虫薬を投与するこ
とを忌避する馬主さんが多かったことから、牛よりも馬のほうが寄生虫の種類
はやや多かったような気がする。だからといって、少しもうれしくはなかった。
と、いうのも、馬の病理解剖に対し、厭戦的であったからだ。説明（いいわけ）
する。

　私は、獣医大入学早々、寄生虫まみれの生き方をすると決めたので（前述）、
夏・春の長期休暇は、将来、絶対に進まない方面の職域体験に使うことに決め
ていた。その手始めとなる1年の夏休み、北海道なら馬だろうと考え、馬産地
で有名な日高地方・静内町の某競走馬牧場でアルバイトをした。馬房清掃や牧
柵修理など獣医療とは無関係な作業ばかりであったが、一度だけ〈治療〉をした。

　放牧場の飼槽に餌を入れているとき、牝馬の1頭がすり寄ってきては、私の
ほうに頭を突き出す。次の飼槽に移動しても、ついてきて同じ行動をする。三、
四度繰り返されるので、じゃまだと思った。しかし、ふと、彼女の顔を見（診）
ると、上眼瞼に約1cm長のトゲが刺さっていた。おそらく、牧柵に顔を擦り
つけたときにでも刺さったのだろう。北海道弁で〈イズい〉状態（心地よくない、
不快）であったに違いない。そこで、これを抜き取ることにしたが、内心、暴
れないかびくついたものの、私の人生初の〈患畜〉は、おとなしく施術を受けて
くれた。

　それからである。作業をしに牧柵に行くと、彼女は必ず寄ってきた。ある日
は、ほかの牝馬2頭も連れだってきたこともあった。作業のじゃまになるほど
で、手を振って追い払うと、一瞬ひるむふりをするが、またすぐに寄ってくる。
このような接近行為がバイト終了日まで続いた。

　さて、このバイトが終わって、しばらくして、西部劇映画監督ジョン・フォー
ド（J. Ford）の自伝を読む機会があった。そのなかに馬は人に恋をするという
記述があった。ある映画で登場させていた馬の1頭が、この監督の帽子を持ち
去っては、少し離れた場所に落とす。そういうことを繰り返され、この監督は

憤慨したが、その馬主から「あんたに惚れているのさ。この映画が終わったら、連れて帰りなよ」と諭されたという。このエピソードを読み、私は、突然、静内での馬（彼女）の行動に合点がいった。「そうか、彼女は僕に恋してくれたんだ。ほかの馬を連れてきたときも、これが私の彼氏よとでも紹介したのだろう」と解釈した。そう思うと、心が突き上げられたような気がして、激しく心配になった。今、彼女はどうしているのだろう。競走馬としてやっているのだろうか、もし、骨折でもしていたら……。当時、3 年間ほど、馬の解剖のたび、彼女のことを思い出していた。

　脱線した。私の〈淡い恋〉は横に置く。後年接することになる、WAMC（「はじめに」参照）のゼミ生たちはみな、確固たる方向性を持つ者が多いが、だからこそ、学生時代は、将来の職とは離れた場で学外実習をするように強く勧めている。自身の職業観を客観的に見つめなおすうえで、得がたい経験だからである。もちろん、その指導の背景にある、甘酸っぱい、私の学生時代の〈こと〉はもちろん隠しているが。

(5)　魅惑的な身近な寄生虫

　少々横道に逸れたが、あのときの私は同じ寄生虫ばかりにうんざりしていたのもまちがいない。そうなると、別の動物からクネクネたちを見つけるしかない。そこで、すぐに手に入る身近な動物、たとえば、釣魚のスナガレイやアカハラ（ウグイ）、エゾアカガエル、ドバト（カワラバト）、家鼠（ネズミ）などの寄生虫探しに没頭したのはごく自然であった。1980 年代の本学は、自衛隊や中学校の施設を移築したものなど、当時ですら年季の入った木造の建物ばかりで、それらの屋根裏にドバトやクマネズミなどが多数生息していた。ゼミ仲間の 1 人は、夢中でドバトを追いかけていたとき、梁がない天井板を踏み抜き、夕闇のなか、片足がにょっきりとぶら下がっていたのはシュールであった（その彼は、今、大きな動物病院の院長様）。サンマには体が橙色の鉤頭虫 *Rhadinorhynchus selkirki* や黒光りするサンマヒジキムシ（甲殻類）がいるし（第 4 章）、ほかの海産魚には線虫アニサキス類（*Anisakis* や *Pseudoterranova* 属などの幼虫；図 1-4）が寄生する。これを読んで、少しでも興味を持たれた方は、スーパーや鮮魚店で海産魚（丸ごと）を購入し、ご自身で調べてみてほしい。もちろん、必ず寄生しているわけではないので、3 尾ほど用意し、調べ終わった魚も、しっ

8

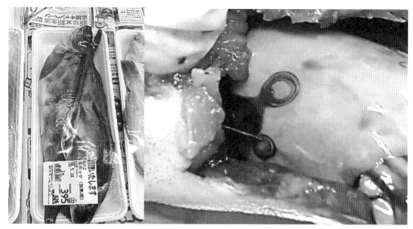

図1-4　市販海産魚（左）の肝表面に寄生のアニサキス類（右；Ｏ字状のモノ；浅川、2020 より改変）

かり、食べてほしい。理由は後述（第3章）するが、野生動物の保護をしたい！というならば、まず、食べ物をむだにしてはいけない。

　ちなみに、丸ごとの魚を前処理すること自体、今ではハードルが高いようだ。2020 年、COVID-19 により寄生虫病学実習も遠隔形式になり、海産魚を用いた寄生虫検査も、学生が台所で行える授業画像を用意した。すなわち、撮影は大学の実験室ではなく、私の自宅台所で、使う器具も包丁、まな板、食器、調味料などを用いた。海産魚はホッケ。三枚におろし、内臓を採り出し、アニサキスを見せた。その後、出欠確認のレポートを提出させたが、そのなかに、学生はもちろん、その母上も丸ごとの魚を調理した経験がないので苦慮したというクレーム（?）数件。20 代前半のお子さんをお持ちでは 40 代半ばか。そのような年代でも、丸ごとの魚をあまり料理しないとわかった。来年からは（COVID-19 収束が大前提）、魚のさばき方も教えることを心に誓った。

(6)　野幌の森はヘルミンス・ワールド！

　医動物学教室時代、かくのごとく、私はゼミ友に恵まれ、多くのクネクネに出会えた。なかでもお気に入りは、本学に隣接した森の融雪池で捕獲されたエゾアカガエル膀胱にいた *Polystoma* 属単生類（扁形動物）やその腸にいた双口吸虫類の仲間 *Diplodiscus* sp.（扁形動物）であった。「やはり、原始林はすごいなあ。調べたらもっとおもしろい寄生虫が見つかるだろう」と期待させた。〈原

図 1-5　野幌原始林と本学キャンパス（矢印は WAMC、上から左半
分を占めるのが原始林、右上は札幌市街地）

始林〉とは野幌森林公園で、約 2000 ha の面積を誇るそのほとんどが道立公園
に指定される。しかし、その敷地内には農林水産省林木育種場や私有地の植林
地・耕地なども含まれ、そのような場所では近隣住民は山菜やキノコ採りも楽
しんでいる。そのため、人々は、この公園を「野幌原始林」と呼んでいる（図
1-5）。明治時代の北海道であっても、石狩低地帯の木々はことごとく伐採され
たが、当時の人々の保護運動で残った。札幌市のような人口 200 万人に迫る大
都市で、このような平地林を有する例は世界的にも稀である。また、この森は
アオサギの日本最大のコロニーがあった。〈あった〉と過去形なのは、前世紀と
今新世紀の端境期、外来種アライグマが侵入し、当該コロニーが消滅したから
だ。その後、外来種対策事業のモデル地域としても注目され、WAMC がその
拠点となった（第 3 章および第 5 章）。

　このような自然環境にある本学は、野生動物医学を学ぶ点でとても恵まれて
いるが、私にとっての〈原始林〉はヘルミンス・ワールドである。この森を舞台
にした関連調査としては、1960 年代初頭、フランス自然史博物館の研究班が、
また、1970 年代に北海道大学大学院獣医学研究科修士課程の院生が、それぞれ
に小哺乳類の蠕虫を調べた。そして、1980 年代、私たちが行うことになる（後
述）。それに至る経緯をお話ししよう。

　私は、今、学生たちからキリン／トラ／チンパンジーが好きなので、卒業論
文（以下、卒論）はそれを相手にしたい的な相談をされる。私は、こういった学
生を心中で〈ピンポイント・ラバー〉としてラベリングしている。が、人のこと
はいえない。思い返すと、学部生当時の私は、正真正銘、〈原始林〉のエゾアカ

ガエル寄生虫に対し、〈ピンポイント・ラバー〉であったと思う。しかし、一歩手前でとどまってしまった。その際、私の心のなかでは、きっと、「修士論文（以下、修論）の動機が、ただ好きだからでは幼稚すぎる。それに、いくらなんでも、家畜専門の獣医大で、さすがに宿主でカエル類はぶっ飛びすぎないか。宿主は、せめて、哺乳類にしなければ……」と、いったような葛藤や忖度があったに違いない。

　少し背景を説明する。私が学部生であった1980年代中ごろ、4年制であった獣医学課程が6年制に切り替わった。当時、在籍していた全国の獣医大生は移行措置として2年間の修士課程積み上げ方式をとられた。このような措置が数年間続き、1990年代初頭から、今日見る学部6年制となった。したがって、今日の獣医大には修士課程がなく、獣医大の大学院進学をする場合、博士課程（4年制）に入学することになる。移行期間中の話に戻るが、この制度変更のあおりを受け、当時の獣医大生の卒業要件（大学院だったので、正確には修了要件）として修論提出が課せられていたのだ。そのテーマを考えあぐねての葛藤であった。

　誤解をされる前に急いで付け加えるが、今日では、カエル類も、本学の卒論として堂々と扱える。たとえば、WAMCでは、新潟県出身のゼミ生が地元十日町市松之山・森の学校キョロロで、当地のカエル類の寄生虫を環境教育教材として活用した試みを研究した。また、旭山動物園と共同で旭川市郊外の神居古潭に生息する外来種アズマヒキガエルの寄生虫を調べ、北海道の在来カエル類への健康被害を考察したものもいた。つい最近は、都内でペットとして大切に飼育されていたアズマヒキガエルの体表から回虫類が外科的な手術で摘出され、その分類と症例報告が、ゼミ生が共著となり公表された。カエル類ではないが、広島県安佐動物公園との共同でオオサンショウウオの寄生虫の保有状況を明らかにしたゼミ生も何名かいた。したがって、カエル・ラバーの受験生も安心して、本学を受験してほしい。

　ただし、急いだほうがよい。たとえば、私がエゾアカガエルの寄生虫に魅せられた1980年代、北海道には在来種として、このカエルとアマガエルだけであった。しかし、現在は、数種の外来種が生息するようになった。したがって、早晩、北海道在来のカエル類がどのような寄生虫を持っていたのかが、永遠にわからなくなりそうなのだ。このような状況は全国的に同じであろう。だから、

国内のカエル類の寄生虫研究には可及的速やかに着手したほうがよい。

1.2　研究の方向性を決める

(1)　生物学のモノとコト

　しかし、そういった卒論は、30 年後の話。1980 年初頭の修論テーマ探しに話を戻そう。獣医学を含む生物研究は大きく分けて、① ある特定種（モノ）を対象にする場合と、② ある特定現象（コト）を対象にする場合とがある。たとえば、① にはある絶滅危惧種の保護増殖をするうえで効果的な繁殖や疾病予防の研究がある。もし、当該種が〈ピンポイント・ラバー〉の求める種と合致したら天職になろう（まあ、めったにないが）。

　一方、現象（コト）研究 ② の具体例として神経伝達がある。この追求のため、イカの巨大神経軸索を用いる。現に、医学や獣医学の生理学（第 2 章）の教科書には、この軸索は必ず掲載されている。が、たとえ獣医生理学であっても、イカの神経症治療のための研究ではない。あくまでも、神経伝達現象を観察しやすく、サイズ的かつ容易に入手できるという利点から、この軸索を実験モデルとして使っているにすぎない。

　さて、私の研究で扱うモノであるが、寄生虫で決まってはいたものの、寄生虫のどのような現象（コト）を探りたいのかは未定であった。しかし、日本住血吸虫のところで前述したように、体のなかにいる生物が、地理的に縛られる原因はなんとなく知りたい気持ちはあった。

(2)　生物学の 2 つの疑問

　たとえば、かりに山梨県民の体のつくりが、日本住血吸虫の住みやすい場所を提供しているとしよう（そのようなことはなく、あくまでも仮定）。この仮説検証には、県民の細胞形態や免疫機能などから、寄生虫を許容する機序を調べる。一方、県民はほかの県民と同じ体のつくりなら（こちらのほうが、当然のことだが）、人々が甲府盆地に住み始めるずっと前、たとえば、ある野生動物が入り込み、その場所で生活史を維持する仕組みが構築され、今日にまで残ったと仮定する。この検証では、野生動物（終宿主）や幼虫を宿す貝（中間宿主）の

生態や来歴、地史や植生などを総合して探る。

　まったく異なった2つのアプローチ法を示したが、日本住血吸虫を話題にしたから、かえってわかりにくい。寄生虫からも離れ、もう一度、カエルに登場してもらおう。アマガエルの体色は木の葉の上では鮮やかな緑色になる。一方、コンクリートの壁にへばりついていると、体色は灰色に変化する。なぜだろう。この疑問には2つ答え方がある。まず、① 光刺激を受け神経や内分泌系を経て、皮膚の色素胞に働きかけ色素を分散させ……等々、生理学的機序から説明する答え。別に、② 隠蔽効果となり捕食者からの眼に見えにくく、個体の生存に有利で、この表現型が適応度を高め……等々、生態学・進化学的学説から説明する答え。

　以上のように、ある生物の独特な現象（コト）の説明に対し、異なる ① と ② の2つのアプローチ（答え方）があるのはおわかりいただけたと思う。すなわち、① 個体の体内（細胞や分子レベルなど）と ② 体外（個体群や生態系レベルなど）を探るものである。質問の仕方としては、前者 ① が英語の how、後者 ② が why の疑問詞がつく。その答えは、それぞれ ① 至近要因と ② 究極要因と名づけられている。そして、生物学研究はこれら両要因にバランスよく答えることが、理想的なのである。

　ところが、獣医学は、徹頭徹尾、前者 ① の疑問を解明する科学である（第2章）。自然界から完全隔離された飼育動物ならいざ知らず、自然に生息する動物に関しては、ほかの生物や生息環境、それらへの生態の適応や進化などと切り離して追求することは不可能である。もちろん、そのような動物に適応した寄生虫についても同様であろうから、至近要因（例：寄生虫の形態、感染維持、宿主免疫への回避や病原性など）はともかく、究極要因（例：宿主の生態に適応した寄生虫の進化、生活史を完遂するために中間宿主動物の行動を変化させるなど。第4章で実例紹介）のほうは、関連文献を渉猟、独学し、獣医大を飛び出し理学や保全生態学などの専門家に教えを乞うしかない。

　忘れないうちに、非常に大事な私見を記す。野生動物医学分野の本質的適性とは、一般に信じられているように野生動物ばかりを材料として扱ってきたのかどうかではない。究極要因もバランスよく追求するかどうかである。もし、この要因も追求すると決まれば、研究材料として野生種も集めないとならないし、そうなると、その扱いにも慣れる（慣れないとならない）。これは、野生動

物が好き嫌いの問題ではない。また、研究にのめり込むにしたがい、貴重な研究材料を後世に残そうと決意し、懸命に努力することになる。最初から保全というのは、生まれながらの社会活動家ならいざ知らず、普通の人にとっては、活動動機としてはいささか弱いと思う。私の場合、固有な寄生虫を宿す動物は、絶対に守りたいという気持ちにうそはない。ただし、補足をするのなら、ある野生動物種を、寄生虫の生活史と切り離し、ピンポイント的に守（護）っても、特異的寄生虫を宿さないのなら、私には無意味とすら感じている。

(3)　追求するモノゴトと疑問

　さて、私が知りたいモノゴトがそろった。つまり、① 日本の地史に密着した宿主（モノ H）、② その寄生虫（モノ P）、③ モノ H とモノ P の関係（コト R）および ④ その生態・歴史的由来（コト）である。ここで用いたアルファベットは、それぞれ宿主＝host、寄生虫あるいは寄生体＝parasite（前述）、関係＝relationship から借用した。研究の出発点となる疑問文にすると、「哺乳類と蠕虫の固有な宿主–寄生体関係は、どのような経緯で日本に侵入したのか」となる。好適宿主かどうかを検証するため、体内における幼虫の移行経路途上における病態を探るために、感染実験や病理検査など獣医学でもおなじみの手法が必要な場合もある。非好適宿主では幼虫移行症が起きることは、人におけるアニサキス症を参考にすればわかる（第 4 章）。

　しかし、この研究のゴールは、個体のなかで起きる現象を明らかにするものではなく、宿主–寄生体関係の歴史の解明である。しかし、後述するように、病原体との関係の歴史を知ることは、未来における病原体との関係を予想する。そして、予想は一歩先の予防に繋がる（後述）。

　まあ、そのような大風呂敷はさておき、さしあたり重要なのは宿主モデルである。すなわち、モノ H を集めないとならない。そして、宿主の標本数を集めれば、寄生虫モデル、すなわちモノ P は自然と決まると考えていた。今考えると、楽観的、見切り発車的という批判となろうが、いずれにせよ、とにかくモノ H がないとなにも始まらなかった。

　コト R の考察では地史と結びついたが、モノ H を対象とするので、人の都合で移動した生産・伴侶動物および外来種はこのモデルとしては失格である。当然、在来の野生動物のなかに宿主モデルを求めないとならない。また、地史と

無関係な分布となるので、海峡を泳いだり飛んだりするのも不適である。海獣類やコウモリ類などはもちろん、ニホンジカ、イノシシ、クマ類なども狭い場所なら泳いでしまう。北海道ではキツネが流氷に乗って島に渡る場合もある。第一、当時の私は孤軍奮闘となるので、こういった動物の捕獲は不可能に近い。したがって、みなさんの多くが抱く野生動物の代表は、早々と対象外となる。

　そうなると、簡単にたくさん採集でき、法律的にもわずらわしくなく、しかも、どこにでもいる条件を満たす動物（このあたりで、ニホンカモシカやニホンザルも失格）が、この研究の宿主モデルとして相応しい。さらに、後でも述べるのだが、微細な寄生虫をくまなく探すには動物個体の体サイズが小さいほうが断然望ましい。不在（2次的消失、すなわち、絶滅）を示す場合、検査での見落としは許容されない。もちろん、宿主の系統、生態、渡来経緯などの仮説が十分に用意されている必要がある。なにしろ、それに乗っかって、モノ P あるいはコト R の由来を考察するのだから、自明である。

1.3　宿主−寄生体関係の生物地理

(1)　生物地理学とは

　ところで、前述した〈④ その生態・歴史的由来（コト）〉とは、どのような科学なのであろう。大航海時代、生物種の多くが特定の陸域や海域などに分布することがわかった。ある地域に生息する生物種が網羅された記録が生物相で、寄生虫の場合、寄生虫相という場合もある（本書でもたびたび使用）。地理的分布上の特徴ごとに生物相が区分けされたものが生物地理区である。とくに、19世紀の博物学者アルフレッド・ラッセル・ウォレス（A. R. Wallace）により提唱された旧北区（ユーラシア大陸の中央から北部を占める大部分とアフリカ大陸北部）、エチオピア区（アフリカ大陸の中央部から南部のすべて）、東洋区（ユーラシア大陸の南部とその周辺島嶼、日本周辺では琉球列島や台湾など）、オーストラリア区（後述）、新北区（北米大陸）および新熱帯区（南米大陸とパナマ地峡および西インド諸島）の説が有名で、今日でもその有用性は失われていない。最近では、これらに南極区（南極大陸とその周辺）が加わり、さらに、従来のオーストラリア区をオーストラリア大陸・ニュージーランド島および

ニューギニアとその周辺島嶼に限定し、ほかの太平洋諸島はオセアニア区として設定された。

　生物地理区が生じた原因には、海峡、山脈、大河生成などの地理的要因、気候、植物相、砂漠・湿地などの生態・景観的要因、プレート・テクニトスによる大陸移動や氷期・間氷期における陸橋の形成と消滅など地史的要因、大洋島にあっては適切な漂着物介在などの偶発的要因などが複雑に絡み合ったとされ、これらの事情は対象とする生物で異なるであろうし、設定された境界線も必ずしも厳密ではなく例外も多い。

　むしろ、多くの生物種の分布解析にとっては、各区以下のレベルである亜区あるいはそれ以下の境界線のほうが、解析対象になりやすい。たとえば、日本列島では、北海道–本州間のブラキストン線が有名で、この線は更新世末（少なくとも 20 万年以上前）に成立した津軽海峡により分布制限が生じた哺乳類として、北海道・本州以南のヒグマ・ツキノワグマ、クロテン・キテン、キタリス・ニホンリスなどが知られる。加えて、島のように地理的な障壁がある場所では、新たな個体群の導入が不可能なので、隔離後に絶滅した場合もあろう。

　以上のように、在来種の存否は地史的・生態的などのコトの総体であり、歴史的な証である。その歴史を明らかにする科学が生物地理学である。

　従来、生物地理学研究の対象は、自由生活をする生物であったが、これを寄生虫あるいは宿主–寄生体関係を標的にするのが、私のテーマである。しかし、自由生活種にせよ、寄生虫にせよ、現在、世界各地では外来種の存在や人為的要因による影響により、このような証がどんどん消えつつあり、生物地理学的解析を阻んでいる。したがって、生物地理学的研究の展開は、時間との勝負でもあるのだ。

(2)　宿主モデルの野鼠

　さて、宿主モデル（モノ H）選択の話題に戻ろう。日本の陸生哺乳類には約 120 種が記録されているが、前述した条件を満たす種は限られ、食虫類と齧歯類以外に適当な候補は見あたらなかった。まず、食虫類であるが、本州以南ではモグラ類・ジネズミ類が、また、北海道ではトガリネズミ類が普通に生息する。実際、北海道民はオオアシトガリネズミの死体をちょっとした林の道端で頻繁に見つけることがある。おもな原因は餓死、死体はにおいがキツイので、

ほかの動物の餌として敬遠され、眼にする機会が多いということだ。野外調査でもこのオオアシトガリネズミを含め、トガリネズミ類は採集され、私も新種を含めこの動物の寄生虫を報告はしたが、十分な生物地理学的解析に必要な頭数をそろえるとなると案外むずかしかった。また、モグラ類は北海道には生息しないことも、宿主モデルの候補としては脱落した。

　そうなると齧歯類である。モモンガ類、ムササビ、シマリス、そして道民にはおなじみのエゾリス（ユーラシア大陸に広く生息するキタリスの北海道産亜種）などがイメージされるかもしれない。寄生虫学的にもおもしろいだろうが（実際、私も調べた）、これも捕獲となると壁が厚い。そして、最終候補に残ったのが野鼠である。ここまで読んで、「なんだ、鼠かよ……」と、がっかりされたかもしれない。この落胆の原因には、あの汚らしいアレを思い浮かべたはずだ。すなわち、人・物と一緒に分布をした家鼠のドブネズミ、クマネズミおよびハッカネズミである。これらは家鼠あるいは住家性鼠とも称され、古い時代に渡来した外来種である。渡来時期はさまざまで、縄文・弥生時代のハッカネズミ（日本史で学んだ鼠返しは、この鼠に対して設置）、奈良・平安時代のクマネズミ（細菌性感染症、ペストの原因となったのはこの鼠。正確には、この鼠に特異的に寄生したノミ類。現在、殺鼠剤に抵抗性があるスーパーラットが注目され、都会のビルに増えつつある）、江戸・明治時代のドブネズミ（繁華街などで、夜、跋扈しているのは大概これ）とされる。衛生動物（第3章および第5章）としても最重要種で、獣医師国家試験でもちょくちょく出題されるほどだ。これらに加え、最近、日本各地でドブネズミやクマネズミと同属のナンヨウネズミ *Rattus exulans* が発見され、第4の家鼠出現に関係者は注目している。このなかには、感染症の研究者も含まれる。家鼠がさまざまな病原体の媒介者であるからだ。

　しかし、在来種である野鼠も、エキノコックス症（第4章）やツツガムシ病（細菌感染症）などのような風土病の病原体媒介者ではある。さらに、林業被害を与える種もあり、今日の保護管理（マネージメント）の出発点となったのは（第6章）、野鼠コントロールに端を発した。しかし、多くの種は無罪であるばかりか、とても愛らしい。それ以上に、彼らの化石の研究から、約200万年前（更新世）から、日本列島に生息している種も含まれるとなると、野鼠に対しての見方が、少し、変わったのではないだろうか。

図 1-6　鼠類捕獲器具（左）と採集風景（中央と右）

　だが、研究を始めた当初、鼠と一括りされ、一般から注目されず、かえって研究はしやすかった（今は、状況が、まったく異なる）。そして、とてもかわいそうなのだが、1980年代初頭、野幌森林公園（前述）を管理する営林署の許可を得て、野鼠を捕獲した。幸い、医動物学教室の初代教授が、本学の近所、北海道開拓記念館（現・北海道博物館）の学芸員に相談してくださり、捕獲器具（シャーマン・トラップ：図1-6左）まで貸していただいた。また、エキノコックス症（第4章）の調査をする北海道立衛生研究所の研究員に、野鼠の同定や捕獲方法（図1-6中央と右）をお教えいただいた。なお、1980年代前半当時、野鼠捕獲を禁ずる法令はなかったが、今日では法的規制がある。もし、野鼠の学術捕獲を予定する場合、事前に環境省や都道府県の野生動物保護管理の担当者に相談をしなくてはならない。

　以上のような経緯で、野鼠と蠕虫の関係をモデルにして、宿主-寄生体関係の生物地理学的な研究を行うことにした。まず、手始めに研究材料とした野鼠は、北海道の普通種エゾヤチネズミ *Myodes rufocanus* であり、野幌森林公園内で捕獲した個体であった。かくして、私はヘルミンス・ワールド（前述）に少しだけ踏み込んだわけである。私は、これまでに数百本の論文を刊行してきたが、その処女作が、1983年、日本寄生虫学会の機関誌上に掲載されたエゾヤチネズミ寄生虫相報告である。当時、学部4年であった自分ですらできたのだから、今のゼミ生にもできると信じている。実際、対応できた者も続出し、彼らのポテンシャルを引き出せてうれしいが、それにも増して、うらやましい。私の処女作は、タイプライターに向かって何度も同じ文章を直打ちし、やっと、受理された。PCが使える現在は、原文が記憶媒体に残っているので、あの最初から直打ち＆何度も繰り返す地獄を味わわなくてよいのだ。なんと幸せな世界を

生きているのだろう。これで論文を書かないのは、じつに、もったいない。

　さて、エゾヤチネズミが一段落したので、ほかの野鼠も調べることにした。その種名を列挙したいが、じつは、鼠自体の分類学も論議中で、流動的である。先ほどのエゾヤチネズミの属名は、つい最近まで *Clethrionomys* であり、これがつい最近、*Myodes* に変更されたほど、目まぐるしく変化している。したがって、野鼠の種を扱う場合、学名も併記しないとならないのだ。さて、捕獲対象とした野鼠としては、道外にも出かけたので、次のような種となった。ミカドネズミ *Myodes rutilus*、ムクゲネズミ *M. rex*、ヤチネズミ *Eothenomys andersoni*、スミスネズミ *E. smithii*、ハタネズミ *Microtus montebelli*、アカネズミ *Apodemus speciosus*、ヒメネズミ *A. argenteus*、ハントウアカネズミ *A. peninsulae*。これらのうち、ヤチネズミ、スミスネズミおよびハタネズミは典型的な〈内地〉（道民が道外の日本を指す方言）の野鼠である。また、エゾヤチネズミからハタネズミまでがハタネズミ亜科、アカネズミ以下がネズミ亜科に所属し、ハタネズミ亜科で尾が短いなど外見が異なる。さらに、ハタネズミ亜科は草・樹皮を好む（草食者）半地下性の 2 次元的生活者であるが、ネズミ亜科は果実や節足動物なども好み（雑食性）、木登りが巧みな 3 次元的生活者である。そのような能力を開花させ、人に寄生して反映したのがネズミ亜科の家鼠（前述）である。

　これら以外にも、日本には野鼠がいる。とくに、南西諸島の天然記念物も含めた東洋区系の寄生虫は琉球大学の研究者による生物地理学の研究があり、くわしくは『日本における寄生虫学の研究　第 6 巻』（1999 年、目黒寄生虫館）に研究概要が紹介されている。

(3)　寄生虫の採集・同定法

　ここの解説は寄生虫病全般の診断にも応用可能なので、寄生虫病と対峙することが多い獣医師や動物看護師などの方は、復習のつもりで目を通してほしい。その際、『獣医寄生虫学検査マニュアル』（1997 年、文永堂出版）をお持ちなら、ご用意いただきたい。この本は 1990 年代の獣医寄生虫病学実習を想定して著され、発展的課題として鼠検査が詳述された。ところが、今日、野鼠は獣医大を含み教育機関の感染症防止という観点から持ち込みがむずかしい。また、採集も地方自治体への申請が必須となり、ハードルが高い材料となった。本学ですら、実習で扱うことができない。まさに、なんともはや、である。

図 1-7　コククジラのサンプリングの様子（左）と私（右）

　まず、野鼠の全臓器、消化管、眼球などを実体顕微鏡下で精査する。個体サイズの小さい野鼠はこの点でも優秀な研究材料である。後年、イルカ・クジラ類、ニホンジカ、ヒグマなども扱ったが、その大きな体の内臓・消化管から体長数 mm の寄生虫を漏れなく探すことは、事実上、不可能である。

　たとえば、2007 年、本学から南に約 70 km の苫小牧砂浜に体長約 11 m のコククジラの死体が漂着し、その寄生虫を 1 人で探したことがあった。腸だけでも 100 m を超えるのでそのままラボに持ち帰ることもできず、その場で探すことになった（図 1-7）。しかし、完璧に探し出すのも、腸内容物すべてを持ち帰るのも不可能であった。おまけに、夢中で作業をしていたので、満ち潮になっているのにも気がつかなかった。

　しかし、体サイズが小さい動物では、見落としの心配は無用で、くまなく探し出せる。もちろん、直接の材料である寄生虫を得ることで便利だが、ある動物に寄生虫が不在であることを示すためにも重要な性質である。なぜなら、寄生虫の絶滅について検証するからである（後述）。さて、鼠の消化管の壁は、ほかの哺乳類に比べ、非常に薄いので、大きめの蠕虫（それでも 1 cm 程度）では、その存在を主張することもある（図 1-8）。興奮するかもしれないが、それだけに目を奪われてはいけない。さらに小さな蠕虫もたくさん寄生するからだ。

20

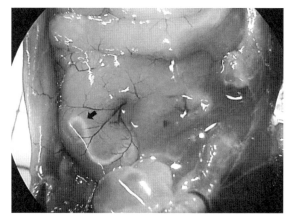

図1-8　小腸壁に透けて蠕虫が見える！（左下の湾曲した白い紐状のもの；矢印）

　そのためには、消化管内容物（食渣）を微小な蠕虫を探しやすいように前処理する必要がある。まず、すべての内容物を尖底シリンダーを用い、水道水で溶かす。このシリンダーの外形に似たジョッキをビール専門店などでご覧になった方がいらっしゃるかもしれない。もちろん、それとはまったくの別物であるが、大昔のゼミ生は、業者から納品されたばかりのこのシリンダーに、ビールを注いで酒盛りをしたという。その真偽はともかく、現在、本学キャンパス内は飲酒が禁止なので、遥か昔の話である。

　ビール、いや、水に溶いた消化管内容物は、しばらくすると、大きな食渣と寄生虫が沈むので、その沈殿物をシャーレにとって、実体顕微鏡下で丹念に探し出す（図1-9）。寄生虫は1つ1つ、先の鋭いピンセット（剣先ピンセット）あるいは柄付き針で取り上げ、固定液を満たしたバイアル瓶に投ずる。

　見つかった寄生虫は適切に固定・保存する。あたりまえの話だが、寄生虫も死んだら腐るので、迅速に防腐しなければならない。以前はホルマリン液に漬けたが、現在は、PCR法を応用してDNAを調べるため（PCR法は第3章も参照）、アルコールに保存する。濃度は殺菌効果もある70%で、アルコールはエタノールを用いる。メチルアルコールではない。しかし、このアルコールは別の検査で使う（第4章）。この70%エタノール液は、コロナ禍で必須アイテムとなり、身近になった。しかし、なかにはこの濃度に達しないものもあるようなので過信は禁物。いずれにせよ、お酒として楽しむような濃度では無効。

図1-9 簡易沈殿法による消化管内容物処理の様子（左：水を入れた直後、中央：数分静置後の沈査）とその沈査を実体顕微鏡下で精査する（右）

　もちろん、この濃度に達しなければ寄生虫は腐る。また、寄生虫が固定するアルコールの量に比べて大きい場合、そこから水分が滲み出すので、どんどん薄まる。そのまま放置すると、エタノールの濃度は低下するので、寄生虫の形態は徐々に崩れていく。そうなると、種を決める作業（同定）に支障をきたす。また、自分の研究が終わっても、標本は確実に残し、適切な博物館に所蔵する。論文を見て、ほかの研究者が調べたいということがあるからだ。そのために、論文の〈材料と方法〉の部分に、預けられた博物館とその登録番号が記されることが多い。とくに、新種記載された模式標本は、必ず、博物館に保存されるべきである。

　ここでも、注意すべきことがある。後年、博物館に預けた標本を、もう一度見たいと思って、博物館から取り寄せたら、酸っぱいにおいがするだけで、目的の蠕虫が見つからない。アルコール濃度が低かったため、腐敗してしまったのだろう。これは、実話である。この話を聞き、標本を命として仕事をしてきた私は、自身のコレクションが心配になってきた。アルコール濃度には最大限の注意を払いたい。

　虫の拾い出しは、前述したように実体顕微鏡で行うが、詳細な形態は生物顕微鏡、稀に走査電子顕微鏡で観察する。吸虫・条虫では酢酸カーミン液などで染色標本とし、また、線虫はグリセリンが主成分の液体で透過し、それらを描画装置がついた顕微鏡（図1-10左）で属種のポイントとなる部位（頭端、固着

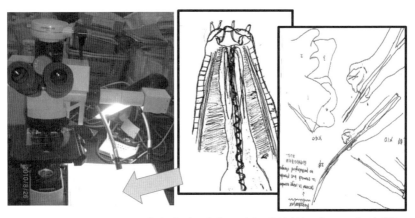

図1-10　描画装置（横に突き出て伸びた機器）を装着した生物顕微鏡（左）と私のゼミ生が有袋類の寄生線虫の頭部（中央）や雄尾部（右；金魚の尾鰭のような構造が交接嚢、2本ある棒状のものが交接刺）を描画した事例

器、生殖器など）のスケッチをして、同定作業の根拠資料とする（図1-10 中央と右）。そして、ミクロメータもこの図の上に写し、寄生虫の目的の器官を、写されたミクロメータと比較して、長さや幅などの値を求める（実際の作業は単純な比例計算なので、数学が苦手な多くの獣医大生でも安心）。

　以上のような手法が形態分類で、この手法は、第4章で紹介するさまざまな寄生虫でも同じである。この手法は形の把握が主要な作業で、先行論文あるいはそれらをまとめた検索表と比較して、「ああ、この形は、○○さんの論文にあるものと一致しているし、属はまちがいはない。そうなると、種はなんだろう。××さんの報告した種とは、ここの部分の大きさが2倍も違うけど、△△さんのほうは、やや小さい。しかし、あっちの形と計測値も同じだし、まあ、その種だろう。しかし、最終決定はDNAを調べてからにして、ひとまず、属は決定し治療・予防の方針を伝えよう」と、いうような流れとなる。もちろん、先行論文がなく、未知の属種の可能性もある。実際、野鼠の寄生虫では、いくつかの新たな種と思えるものを見つけた。これを新種記載という論文で刊行して初めて仮説として認定される。自分が名づけた寄生虫がこの世に現出するのは、さぞや感慨深いと、思われるかもしれない。が、名前をつける作業はたんなる記号つけなので、少なくとも、私にとってそのような心の動きはない。

　それよりも、新しい種とした根拠の形の特徴に、どのような生態・進化的な

意味があるのかを解明したい。たとえば、雄の線虫の尾には、交接刺という陰茎（ペニス）に相当する針のような生殖器があり、多くの種では 2 本持つ（図1-10 右）。ときおり、同じ属内でその 2 本の交接刺が等長である種と、不等長である種がある。鶏やライチョウなどの盲腸に鶏盲腸虫 *Heterakis gallinarum* という線虫が寄生するが（第 4 章）、沖縄のヤンバルクイナには同属別種 *Heterakis isolonche* がいる。両種の差異は、左右交接刺が前種の不等長、後種の等長だけである。この差異が近縁種間で、なぜ、生じたのであろう。不等長は派生形質（等長が祖先的、後に不等長が生じたこと）とされているが、どのような力が働いて、不等長になったのか。また、交尾をする際、雌を抱きとめるための装置として、交接嚢という金魚の尾鰭のような構造が雄の尾に発達する（図1-10 右、図 5-5 右）。左右に大きな膜があり、その膜を支える柱のような肋と称されるものの分岐パターンが同定基準になる。また、左右の膜が対称・非対称を示す場合がある。ほかの形態がすべて同じで、この対称性だけが異なるのだ（後述）。雄が雌を抱きとめる際、微妙な違いでもあるのだろうか。

　形態分類において、交接刺や交接嚢の形状は同定基準の 1 つでしかなかったが、表現型が環境変化を受けとめるのであり、その究極要因（前述）を追求するのが形態分類学の使命である。今日、分類作業は分子生物学に軸足が移りつつあるが、そこで得られる塩基配列（遺伝子型）は記号にすぎない。このパターンによる系統性は導き出せても、進化のシナリオは引き出せない。いつかは、表現型の形態と分岐のパターンを示す遺伝子型とを擦り合わせ、進化の様子を詳らかにしたいものだ。

(4)　Boys, be NOT TOO ambitious!

　そのような、壮大な企ては先送りし、目前のテーマに戻ろう。野鼠体内の寄生虫（蠕虫）には吸虫、条虫、鉤頭虫および線虫が知られる（第 4 章）。うち、吸虫、条虫および鉤頭虫には、感染を完結するために、途中に中間宿主動物（ダニや昆虫など）の介在が必要になる。そうなると、そのような動物の地理的分布も考察に含めないとならず、考察がとても込み入ってくる。修論のような限られた年限で結果が求められる場合、このような状況は危険である。なので、将来、もし、豊富な時間ができるまで凍結することが無難である。

　似たような状況が、獣医師国家試験の準備に取り組むなかで生ずることがあ

る。毎年2月、この試験が行われるので、獣医大6年生は前年9月あたりから
この受験勉強に明け暮れる。6年間に学んだことを総復習し、さらに、その試
験独特の問い方に適応した作法を学ぶ。その過程は獣医学の体系を一気呵成で
叩き込むので、大脳のなかで化学変化が起きる。知的興奮の嵐が、切迫感とあ
いまって目覚めるのである。これまでのコマ切れの情報が、繋がるのだ。獣医
学っておもしろい！となる。それは大いにけっこうである。

　ただし、私たち教員は手放しで喜んでばかりはいられない。ある生理現象の
系統的な由来に興味を持ち始め、文献などを読み始めると危険である。まず、
獣医学のなかには究極要因の答えはない（前述）。それに、受験勉強はたった半
年で終えないとならないが、知るべきことは数多ある。湧き起こる知的興奮は
わかるが、ここはいったん封印し、国試合格後に、ゆっくり調べてもらいたい。
ただ、このような向学心が、合格後にも続くことは、なかなかむずかしいが。

　もう1つエピソードを披瀝する。英国の野生動物医学専門職修士の大学院で
も修論を課しているが（第2章）、その研究期間はたった3カ月しかない。した
がって、当該修論の作成要項の一番めだつ箇所に太文字で〈Too ambitious な
テーマは、絶対に、やめよ！〉とあった。やる気満々の院生が、世界中から結集
するコースなので、修論で扱う研究計画も、あれもこれもと欲張ってしまう院
生ばかりであったろう。しかも、時間切れになった院生が少なくなかったはず
だ。それが、この警告に繋がったのだろう。容易に想像がつく。私が博士課程
でお世話になった大学のモットーは〈Boys, be ambitious〉であったが、まちが
いなく〈Be not too ambitious〉を遵守したほうがよい場合もあるのだ。

　とくに、野生動物を指向する学生には、湧き起こる知的好奇心に身を任せる
傾向にあるが、その気持ちを行動に移す前に、現実世界に生きている事実を認
めることも肝要なのだ。

　実際、野鼠の吸虫あるいは鉤頭虫の寄生率はとても低いことが、後年、判明
した。また、条虫はよく寄生はしていても、同定の前処理として染色なども厄
介であった。とりあえず、あきらめよう。もし、これら蠕虫をモデルに選んで
いたら、博士号を取得する学位論文のほうもかなり遅れ、後述の野生動物学兼
任の話はこなかった。きたとしても、余裕がなく、受けなかったろう。

(5)　消去法で残った線虫だが……

　それはさておき、以上の選定作業で消去法的に残ったのが線虫である。残り物感が漂うが、線虫には寄生生活に特化した吸虫・条虫・鉤頭虫とは異なり、自由生活するものも多く包含する。このなかには、*Caenorhabditis elegans* のような、発生学や生理学などでノーベル賞級の研究モデルに頻用され、また、腫瘍診断や毒性試験に用いられるなどで人類社会に貢献する種を含む。

　寄生生活する線虫では、植物を宿主にするものもいる。19 世紀中ごろ、アイルランドの重要な農作物のジャガイモに、疫病により大凶作、大飢饉が生じた。このために、この国の多くの人々は生活の拠点を米国に求めた。その疫病の病原体（原虫の 1 種）に耐性のジャガイモに変えたが、その種芋にも、やっかいな病原体ジャガイモシスト線虫がいた……。いずれにせよ、米国は全世界に影響を与える超大国である。その大事な部分で線虫が関わった事実は、この蠕虫のポテンシャルを示したエピソードだろう。

　さらに、線虫は昆虫のような無脊椎動物に寄生する。したがって、先ほどの話に比べれば、ややスケールは小さいものの、園館動物やエキゾの診断にも影響する。たとえば、昆虫を餌にした動物では、その糞や腸内容にその昆虫寄生性線虫が見つかり、獣医師を混乱させる（第 4 章）。また、エキゾ・ブームから、熱帯地方の大型甲虫、タランチュラ、サソリなどを飼育する方が増えたが、これらにも線虫が寄生する。たとえば、英国獣医師会の機関誌では、口部から大量の線虫を吐き出したタランチュラの症例報告が、その苦悶する（？）姿の大写しの表紙とともに紹介されたのは 20 年前。そろそろ、同じような報告が日本でもなされるであろう。獣医師はパニックにならないように、予習をしておこう。

　そもそも線虫は、寄生現象（コト）を解する材料として、まちがいなく好適である。たとえば、人を含む多くの脊椎動物を宿主とする糞線虫類は、自由世代／寄生世代の世代交代をする線虫では、〈寄生虫は、なぜ、寄生虫になったのか〉や〈そもそも寄生（コト）とはなにか〉など、至近／究極の根源的な要因を探るモデルとしても期待される。〈残り物には福がある〉ように、新たな地平を感じさせる線虫。さて、それはともかく、目前の研究テーマに戻る。

（6）　寄生線虫の生活史

　哺乳類に寄生する線虫といえば、幼少時の私の尻から出てきて、この世界に誘った回虫のように（前述）、卵を摂り込んで感染するものをイメージされるだろう。しかし、中間宿主が必要な種もいる。研究に着手した段階で、日本の野鼠では約20種の線虫（後年、10種ほど追加）が知られていたので、生活史（成書によっては、発育史・発育環・生活環など）を概観した。

　まず、図1-11にある体外の様子をご覧いただきたい。たとえば、中間宿主が必要なものは、下方に配置されている。図中にG・Rc・Mmあるいはcと示された線虫では、虫卵が昆虫（中間宿主）あるいはミミズ類（待機宿主；中間宿主は必須だが、こちらはなくても感染可）に餌として摂り込まれ、そのなかで発育した幼虫が集積する。このような昆虫やミミズ類を野鼠が餌として食べて感染する（経口感染 per os；図1-11のPO）。一方、Oの場合、ノミが吸血時、体内の感染幼虫が口器を通じ感染する（経皮感染 percutaneous；図1-11のPC）。したがって、これら線虫も前述の蠕虫と同じ理由で、研究対象から除かれた。

　一方、図1-11のTH、ChおよびSTは中間宿主を必要としない。とくに、Chとして記される肝毛細線虫（*Calodium hepaticum*）という種は、獣医師国家試験でも出題されるほど、重要な線虫である。注目される理由は、人や犬などにも感染するからだ。この線虫は肝臓実質のなかに寄生し、そのなかで交尾・産卵する。当然、卵は肝実質内にとどまったままなので、そのままでは虫卵は外界に出ない。しかし、野鼠が捕食あるいは自然死し、体の大部分は消化／分解されても、肝毛細線虫の虫卵は分解されない。そして、その卵は糞あるいは土壌表層に潜み、感染する機会を待つ。野鼠には経口感染するが、ときには、人や犬の食べ物に付着していた場合、今度は、これらが新たな宿主となる。したがって、公衆／動物衛生面で要警戒線虫と見なされ、獣医師国家試験でも出題されるのだ。おもな宿主は人や犬と身近に生息する家鼠であるので、注意したい。また、THおよびSTも家鼠に寄生する。家鼠が外来種であることは前述したので、これら両種も、生物地理学研究の対象にはなりえない。ちなみに、このSTは、世代交代する糞線虫類（*Strongyloides*属線虫；前述）である。

　図1-11のRおよびMhは、それぞれ眼球表面あるいは乳腺・尿道球腺に寄生する。ただし、Rは幼虫の時期だけ眼球表面に漂っている。もし、生きた状

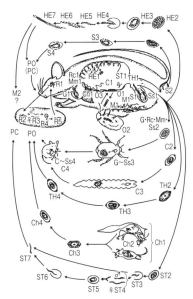

図 1-11　野鼠の線虫生活史（浅川、2005 より改変。図中の説明は本文参照）

態で野鼠の眼を観察する機会があるならば、常ならば真っ黒のつぶらな瞳が、ときどき、白くなっている。さらによく見ると、その白色がうごめいている。この R とは、前述の *C. elegans* と近縁な *Rhabiditis orbitalis* で、幼虫は野鼠を移動手段として活用している。新たな生息地に到着すると、眼球から離れ、土壌上で成虫となり、すぐに交尾して、産卵、孵化した幼虫が、また鼠に寄生して、というスタイルである。ただし、乗り物として利用する宿主には、野鼠以外の、たとえば犬などほかの哺乳類も含まれる。

　同様に、Mh も齧歯類以外（前述したオオアシトガリネズミを含むモグラやサルなどの仲間）に寄生する。こちらも、寄生部位が変わっているので、野鼠に寄生した場合、泌乳に悪影響を与え、乳飲み子生存に悪影響を与える。このことから、野鼠個体群を抑制する寄生虫として、林業関係者から期待されたこともあった。以上のように、これら両種はユニークな特質を秘めた線虫ではあったが、宿主域が広く、私の研究の対象外である。

　この項で込み入った話になった。もし、お読みになり、〈おもしろい！〉とお感じになった方は、『寄生虫のはなし』（2020 年、朝倉書店）、『最新寄生虫学・

寄生虫病学』（2019 年、講談社）、『獣医学教育モデル・コア・カリキュラム準
拠寄生虫病　第 3 版』（2020 年、緑書房）を一瞥されたい。

（7）　寄生体モデルの線虫と分布類型

　以上の検討から、図 1-11 では HE と S が残った。ここでは、その図の最上
段 HE の *Heligmosomum* 属と *Heligmosomoides* 属について紹介する。なお、S
は *Syphacia* 属という 蟯 虫 類である。虫卵が産みつけられる場所が肛門である
ことに注目してほしい。昭和・平成初期生まれの方々は、小学生時代のある朝、
肛門にセロハンテープのようなものを貼りつけて、学校に提出したのを憶えて
いらっしゃるだろう。これは蟯虫卵を調べるためのものであった。人にも蟯虫
類はいるが、野鼠にもいるのだ（宿主域については第 4 章で再び言及）。

　さて、HE に戻るが、じつは、ここまでくると、寄生虫仲間ですら〈なに？〉
となる。ごく簡単に説明をすると、HE は家畜の寄生虫列挙（p. 3）のところで
紹介した牛捻転胃虫の仲間である。これらは毛様線虫類と称し、多くの種が髪
の毛のように細い長い概形を示すことから名づけられた。そして、どちらかと
いうと、形的には退屈に見える。先に、エゾアカガエルの寄生性扁形動物に魅
入られた話はしたが（前述）、そのとき、一緒に検出された毛様線虫類（*Oswal-docruzia* 属というカエル類特有のモノ）については、〈牛捻転胃虫みたいなやつ
がいるな〉程度で、まったく印象に残らなかった。

　しかし、これは肉眼あるいは実体顕微鏡レベルの話で、生物顕微鏡を使って、
しっかりと観察すると、じつに多様な形態をしていることがわかる。寄生生活
に特化した線虫は、自由生活をする線虫に比べ、感覚器・運動器はめだたない
一方で、生殖器・固着器が異様に発達する傾向にある。たとえば、生殖器では、
雌を抱きとめるため、雄の尾に発達した金魚の尾鰭のような交接嚢（前述）がみ
ごとである（図 1-10 右）。固着器では、腸の蠕動運動に抵抗するため、体表面
にある腸絨毛から剝がされないために突起のようなストッパー（図 1-12）を備
える。このように、生殖器・固着器を丹念に観察すると、種によって形態がさ
まざまで、それを指標にして分類される。なかには、初めて見るパターンも見
出され、いくつかの新種を記載したほどだ（前述）。なので、形態学的に毛様線
虫類はけっして退屈ではない。

　また、毛様線虫類の宿主域もおもしろい。哺乳類はもちろん、両生類以上の

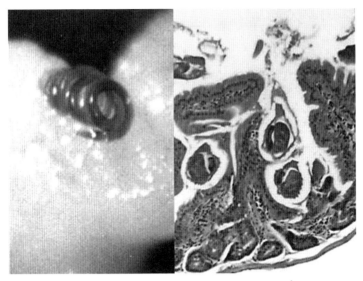

図1-12　毛様線虫類が腸粘膜に固着する様子（左）とその組織像（右；虫体々表面の横断面に細かい突起が見える）

脊椎動物に広く寄生し、寄生部位はおもに胃・小腸など消化管であるが、乳腺や肝臓にも寄生する種もある（前述した Mh もこの仲間）。発育史は幼虫が経口感染するが、ごく稀に経皮感染する種もある。しかし、いずれの場合も、中間宿主は介さない。なんといっても肝心なのは、多くの毛様線虫類が宿主特異的で、宿主–寄生体関係の平行進化などの研究対象とされるほどである。以下で、私が話す研究も、このような先人たちが切り開いた道を、ほんの少し、なぞっただけにすぎない。

　HE 両属の宿主域はハタネズミ亜科とネズミ亜科、ハムスターの仲間（キヌゲネズミ科）、ホリネズミの仲間（ホリネズミ科）およびリスの仲間（リス科）である。HE の分布域はこれら宿主とほぼ重なり、ユーラシア大陸と北米大陸と周辺島嶼に分布する。日本には次の8種が分布する（括弧内に好適宿主）。*Heligmosomum halli*（ハタネズミ）、*H. yamagutii*（エゾヤチネズミ、ムクゲネズミ）、*H. mixtum*（ミカドネズミ）、*H. hasegawai*（ヤチネズミ、スミスネズミ）、*Heligmosomoides kurilensis*（アカネズミ、ヒメネズミ）、*H. desportesi*（ヒメネズミ、アカネズミ）、*H. protobullosus*（ハタネズミ）、*H. neopolygyrus*（ハントウアカネズミ）、*H. polygyrus*（ハツカネズミ、ヒメネズミ）。

Heligmosomum 属と *Heligmosomoides* 属とは、隆起線のパターンがほんの少し違うだけで、双子のような緊密な系統関係にある。種の数は両属で合わせて約50種が記録される。ところが、狭小な日本にその2割近くも分布する。たとえば、ネズミ亜科寄生種に限定すると、ユーラシア大陸と英国など島嶼には *H. polygyrus* ただ1種であるが、日本では4種となる。また、*H. polygyrus* は、偶発寄生を除き（後述）、日本では家鼠のハツカネズミにのみ寄生するため、人の移動にともなって入ってきた線虫（外来性の寄生虫；第5章）である。この偶発寄生例とは、北海道洞爺湖周辺の草地で捕獲されたヒメネズミ1個体で、この事例を除くとアカネズミ、ヒメネズミおよびハントウアカネズミにそれぞれの種を好適宿主とする *Heligmosomoides* が寄生する。その地理的分布は次のようになる。繰り返すが、ハツカネズミ寄生種 *H. polygyrus*（全世界に分布）を除いて示す。① 北海道・本州・四国・九州の本島および国後島に分布する *H. kurilensis*、② 北海道・本州・四国・九州の本島と金華山島に分布する *H. desportesi*、③ 北海道本島に分布する *H. neopolygyrus*。

　また、ハタネズミ亜科を好適宿主とする種では ④ 本州・四国・九州の本島に分布する *H. hasegawai*、⑤ 本州本島および能登島に分布する *H. protobullosus*、⑥ 本州本島に分布する *H. halli*、⑦ 北海道本島とその島に分布する *H. yamagutii*、さらに、北海道木島に分布する（前述 ③）*H. mixtum* である。話が前後したが、〈偶発寄生〉や〈好適宿主〉とした根拠は、これら線虫種保有状況の結果から判断されたものである。

(8)　分布類型の歴史的成立

　前項の分布情報をまとめる前に、日本列島の地史に関しての常識事項を確認したい。今日の瀬戸内海を見ただけでは、なかなか、想像するのはむずかしいかもしれないが、とても浅く（深度50 m程度）、何度かの氷期で陸化した。そうなると本州・四国・九州の本島は陸続きとなった。約7万年前に始まり、約1万2000年前に終わった最終氷期でも、そのような状態であった。そこで、地質学者は本州・四国・九州の陸続きの地形を本州陸塊と称している。野鼠とHEの分布も、この地形に密接に関わるので、ここでも本州陸塊という名称を借用しよう。

　さて、① から ⑦ の類型分けの作業に戻るが、① と ② の全日本列島に存在

するグループ、③ と ⑦ の北海道にだけ存在するグループおよび ④ から ⑥ の本州陸塊だけに存在するグループとなりそうだ。

Heligmosomum 属だけに注目すると、〈北海道グループ〉の種はユーラシア大陸に分布するのと同種だが、〈本州陸塊グループ〉の種は、現在までのところ、国外では未確認である（おそらく、日本産固有種）。

HE の分布情報から、〈北海道グループ〉は、最終氷期にユーラシア大陸北部・東部からエゾヤチネズミ（および／あるいはムクゲネズミの祖先型）、ミカドネズミおよびハントウアカネズミとともに侵入し、約 1 万年間、北海道で地理的隔離された種としてまちがいはないであろう。当然、この程度の隔離期間では種分化は起きなかった。

一方、〈本州陸塊グループ〉は朝鮮海峡が陸化していた最終氷期よりやや古い氷期に、ヤチネズミ・スミスネズミとハタネズミの祖先型とともに西南日本から分布を広げたが、津軽海峡に阻まれ、地理的隔離が生じた。その結果、HE に新たな種の分化（固有種化）が起きた。現在、〈北海道グループ〉および〈本州陸塊グループ〉の好適宿主である野鼠の分布を阻むのは津軽海峡である。しかし今後は、青函海底トンネルを通じ、南北の野鼠（および HE）の分布拡大が起きても不思議ではない。

いずれにしても、以上の仮説は比較的シンプルであった。だが、〈全日本列島グループ〉では、別の説明がいる。*H. desportesi* の祖先はヒメネズミ祖先型とともに、対馬海峡（とくに、朝鮮海峡）と津軽海峡とがともに陸化した、最終氷期よりもさらに古い氷期に侵入した。*H. desportesi* が持つ対称な交接嚢と短い交接刺は、根源的な性質を示す。おそらく、日本に遺残的に残ったのであろう。さて、古い氷期というが、どの程度かというと、数十万年レベル（ひょっとしたら 100 万年前）の話である。前述したように、ヒメネズミとアカネズミの化石は約 200 万年前の地層から見つかっている。

さて、*H. kurilensis* の祖先型も、おそらく、このような古い氷期のいずれかに日本に侵入したのだが、*H. kurilensis* の近縁種はユーラシア大陸のレミング類やハタネズミ属に寄生していることを考えると、持ち込んだ宿主はネズミ亜科ではないだろう。

似たようなコトが、北米大陸で知られ、*H. kurilensis* の近縁種がホリネズミ科にも寄生するというのだ。北米の研究者がいうには、この変わり種の *Helig-*

mosomoides こそ、ユーラシア大陸からベーリング陸橋を渡ってきたレミング・ハタネズミ類から宿主転換した種と考えている。

　この仮説にしたがうならば、*H. kurilensis* の祖先もレミング・ハタネズミ類からアカネズミに宿主転換し、種分化したのだろう。化石情報によると、更新世の日本には絶滅したハタネズミ亜科が、数十万年間、アカネズミと同所的に生息していたことは確かなので、そういったハタネズミ亜科が持ち込んだ *H. kurilensis* の祖先型が、宿主転換する時間は十分あった。なお、ヒメネズミではなく、なぜ、アカネズミを転換先にしたのかであるが、ヒメネズミが森林性、アカネズミが草原性としてすみわけていることに関係しているのかもしれない。すなわち、更新世の日本に生息していたレミング・ハタネズミ類は、アカネズミと同じような草原的な生活空間を利用していたのだろう。

(9)　島での線虫絶滅

　このようにして、日本列島では絶滅野鼠の介在でアカネズミと *H. kurilensis* の宿主‐寄生体関係が成立したと考えられた。しかし、ごく一部の島嶼では *H. kurilensis* のほうがいないことが観察される。

　前述したように、野鼠の体の大きさは寄生虫を完全に探せるほど、小さい。したがって、その検査個体で未確認ならば不在とした。この不在の解釈は 2 つある。すなわち、① その島に初めはいたが、徐々に姿を消した（絶滅した）と、② 最初からいなかった、である。アカネズミと *H. kurilensis* の宿主‐寄生体関係は本州陸塊と北海道とが結ばれるような、かなり以前の氷期の地質的および植生的状況で、広範に起きたと想像されるので（前述）、当時、陸続きであったほぼすべての周辺島嶼に入っていったのは確かである。実際、*H. kurilensis* は多くの島嶼で分布することが確認されている。そうなると、② とするのは、むずかしいと思える。したがって、アカネズミが生息する島で、*H. kurilensis* の不在が生じた原因は、① と考えるのが自然である。

　もちろん、そもそも論であるが、その島で *H. kurilensis* が不在とする完全証明は、その島のアカネズミをすべて採り尽くし、その検体で未検出結果を得ないとならない。しかし、これは不可能な話である。したがって、100 に近い野鼠個体を調べ、かつ、複数年にわたって未検出ならば、その島で不在＝絶滅と、便宜上、見なした。

じつは、似たような不在・絶滅現象は北アイルランドやポーランドなど欧州でもあり、*Heligmosomoides* がアカネズミ属個体群サイズの急減な縮小により寄生率が低下し、局所的に不在となったと解している。大陸内では線虫の再供給可能であっても、島全域で線虫を失うと再供給は不可能なので、最終的に、*H. kurilensis* が島嶼内で絶滅していたとしても不思議ではない。

これら線虫の形態や分類などの詳細な情報をここで列挙することは、限られた紙面の本書ではなじまない。もし、くわしくお知りになりたい方は、本書〈参考文献〉に示した浅川（1995）をご覧いただきたい。話が前後するが、けっきょく、この野鼠と線虫の生物地理は、修論では扱いきれず、その後、約 10 年かかって完成した。その論文は、私の博士号申請主論文として結実した。長いものになったが、本学紀要に全文掲載された。現在、その大学が運営する情報公開システム（リポジトリ）上で公開されている（論文リンクは〈参考論文〉に記載）。無料でいつでも閲覧可能である。ほんとうに便利な世の中になったものだ。

(10)　この研究の応用

以上のように、知りたかったモノゴト、すなわち、日本在来の宿主−寄生体関係成立の究極要因は、地史、植生、宿主の古生物学的背景などが複合的に関わっていたことが、とりあえず、説明できた。ところで、こういった研究はなにの役に立つのだろう。第 6 章で述べるように、生物科学の研究をするには、お金がかかる。財力に恵まれた者ならともかく、一般に、文科省関連団体日本学術振興会（以下、JSPS）科研費のような競争予算を得ないとならない。そして、その原資は税金である。したがって、その研究が国民のために、どのように役立つのかが厳しく問われる。

具体的には予算獲得の計画書の一番最初、目的になにを記すのかである。もちろん、この章冒頭に縷々述べたような、さまざまな寄生虫と出会いたいからなどとは、まちがっても、書けない。

さて、この私が行った生物地理学的な研究だが、まず、病原体拡散や宿主−寄生体関係の激変などの予測のモデルになる。この研究に限らず、歴史学の実学的側面として、過去の事実、とくに、失敗事例から、同じ誤りを繰り返さないための教訓を得ることがある。宿主と病原体の関係の歴史を知ることも同じで、

第 2、第 3 の COVID-19 のような大規模感染症に備えるため、このような基礎研究が必要だ。

　また、島における線虫の絶滅現象は、線虫症の生物学的制御に応用されるのではないか。たとえば、現在、線虫駆除剤としてマクロライド系抗生物質イベルメクチン製剤が使用されるが（第 4 章）、予防的に使われた途端、薬剤耐性寄生線虫の出現が問題視されている。薬と病原体の関係は、いたちごっこ、あるいは軍拡競争に比喩されるほど、普通のコトである。対応としては、可能な限り、薬剤の使用を控え、生物学的制御との併用などが推奨される。もし、島における絶滅現象の至近要因が解明されれば、その制御法に応用されると期待している。

　加えて、外来種（宿主／寄生体）介在により撹乱された宿主−寄生体関係を検知する物差しにも応用される（第 5 章）。そもそも、宿主−寄生体関係を外来性・在来性という観点から論じた先行事例自体が少ない。もちろん、宿主あるいは寄生体（モノ）それぞれ個別に論じたものは数多あるが、それらの関係成立面という現象（コト）の検討となると皆無であろう。もちろん、これらを基盤に、宿主−寄生体関係が自然生態系の一部との認識を示す契機となり、環境教育のモデル教材としても応用される。実際、私たちは公開講座でこのような研究結果を紹介している（第 6 章）。以上のように、研究をもとに教育をする大学の使命（第 2 章）を果たすべくもがいている。

2 野生動物医学を教える

2.1 獣医学領域の野生動物

(1) 学部昇格時の事情で

　前章で話した日本列島の野鼠と線虫の宿主−寄生体関係の由来と変遷をまとめ、1994 年初夏、日本生物地理学会賞（1991 年受賞）のおまけつきで獣医学博士号を取得した。ちなみに、博士号は自然科学系の大学では教員の基礎資格である（第 6 章）。私は、1985 年 3 月、積み上げ修士課程修了後、獣医師免許を取得、別大学の大学院博士課程に入学した。しかし、7 カ月でそこを中退、本学に教員として舞い戻ったので、約 10 年間、博士号がない状態で教員をしていた。すなわち、無免許運転状態であったのだが、博士号取得により、後ろめたさから解放されたのだ。なお、私が本学に採用された 1980 年代中ごろは、博士号がなくても任期つきではない助手（今の助教）になれたが、今は、とてもむずかしい（第 6 章）。

　さて、そのような個人的な事情とはまったく無関係な、とても大きなできごとが勃発していた。本学は獣医学科が学部レベルにステップ・アップをするため、文科省への申請中であったのだ。学長は同省との予備折衝でいくつか改善点を突きつけられたという。そのなかの 1 つが教育内容に新規性がないということであった。本学は、これまでのように生産動物、とくに、乳牛中心の医療を前面に出したようだが、鼻で笑われ、要するに、新規の授業科目数増加を要求されたという。許認可に関わることなので、本学上層部としては相当悩んだが、肝心の予算がない。教員やゼミを増やすことはお金がかかるのである。すでに、放射線生物学、毒性学、実験動物学などの獣医師国家試験に関わるゼミは整備された。思案の末、とりあえず、学生が望む野生動物学の授業科目だけを増やし、担当教員は既存科目を兼務しつつ教えることになったようである。

苦肉の策というやつだ。

　そのようなゴタゴタを、まったく知らない（＝会議に出ない）教員が、タイミングよく、野生動物の研究で博士号の学位を取得した。都合がよい。そいつに丸投げしよう！ となり、私に白羽の矢が立った。大学教員もサラリーマン、組織の一歯車。おまけに、私学。その職場にとどまりたいのなら上の命令は受け、受けないなら辞めるだけ。パワハラやブラック企業などという言葉が存在しない 1990 年代前半では、これが常識であった。私は驚きつつも、給与を得つつ研究が継続できることは僥倖であり、是非もなく受けた。1994 年 10 月のことであった。

(2)　学校と大学

　もちろん、モヤモヤ感は残った。まず、私は、断じて、いわゆる動物好きではない。山梨県の実家には犬がいたし、猫も、なぜかいた。結婚後は家人が猫好きなので、家にはつねに猫がいて、徐々に私も猫好きにはなった。しかし、第 1 章で述べたピンポイント・ラバー的心情で好きになったことはない。「野生動物学を教えているのなら、子どものころから大好きな動物がいたのでしょう。ライオンですか？ キリンですか？」のような質問を受けるが、そういうことは一切なかった。ついでにいうと、なぜ、野生動物というと、アフリカなのだろう。ステレオタイプ的な TV 番組の影響か。野生動物であろうとアフリカであろうと、どれも同じ。好きでも嫌いでもないのだ。前の章で示したように、野生動物は寄生虫を宿した貴重な袋とは見なせるようになった。なので、これを保全する気持ちは人一倍ある。寄生虫を守るために必要であるからだ。それはともかく、ゼミ生が卒論で、イルカをしたいだとか、ウミガメをしたいとか、さまざまな希望を寄せてきても、ひとまず、受け入れる。私にとっても勉強の機会になるからだ。まあ、それは後年の話である。時間軸を 1994 年秋に戻そう。

　次に、違和感を持った点は、私が野生動物を研究していたのではないことである。野生動物（それも野鼠）と線虫の宿主−寄生体関係を探ったのだ（第 1 章）。大学教員の免許に相当する博士号もこのテーマで得た。いずれにせよ、野生動物という広範な学びが予想される分野がよって立つ研究成果としては、狭すぎはしないか。

図 2-1　大学と学校の機能 (矢印は研究を示す)

　大学とは、未知を既知にする研究を基盤に教育をする場である。この宇宙 (図 2-1 の外側楕円) は未知のモノゴトから構成されている。このなかから目的に沿ったモノゴトを既知にする所作が研究である。一方、学校は既知となった情報 (知の体系：図 2-1 の内側楕円) から、ある目的に沿って選ばれたモノゴトを教える。したがって、大学と学校は機能が異なる。その証拠に、両教育機関で教える教員資格は異なり、大学では教員免許というものはないが、その代わりに担当分野の研究論文 (その延長線上にある博士号) が求められる。本学も、規模が小さい私学とはいえ大学である。もし、論文欠如状態で、教壇に立つとしたら、その教員は〈おしゃべり袋〉として軽蔑される。つまり、私が野生動物学の担当になるということは、そのような者に堕落するという恐怖、葛藤、そして不安であった。

(3)　獣医大で野生動物のなにを扱うか

　少し前、野生動物学という広範な学びとは書いたが、それはあくまでも予感であり、このとき、そもそも、野生動物のなにを教えるべきか、まったく決まっていなかった。当然、コアカリ (第 1 章) はなし。したがって、私は授業計画を無から構築しなければならなかった。

　なお、コアカリとは、要するに小中高校における指導要領に相当し、獣医学課程で学ぶ内容を標準化したものである。獣医大の代表者 (獣医系大学間獣医学教育支援機構という法人) が協議して策定し、数年に一度、見直し作業が行

われる。まず、4 年間でコアカリの内容が詰め込まれ、4 年生の最後に、この
習熟度を測る獣医学共用試験が実施される。これに合格した者が、獣医師仮免
許のようなものを取得でき、5 年生および 6 年生が生体を用いた臨床実習を行
えるという流れである（この実習の単位取得は獣医師国家試験の受験資格の 1
つ）。

　したがって、今日の獣医大で提供される教育は共通している。建前上、コア
カリで規定する内容は 7 割で、3 割がそれぞれの獣医大の特色を出すとはなっ
ているが、7 割の内容で定量オーバー状態である（3 割の部分はアドバンストと
称されるが、正規の授業時間内で教えるのはほぼ不可能）。このような体制が始
まったのは 2015 年前後であったので、私が野生動物学担当となった 1994 年秋
の時点では、コアカリ〈野生動物学〉の影も形もなかった（この科目の詳細につ
いては後述）。

　さて、その約 1 年半後の 1996 年 4 月、すったもんだの末、本学の獣医学科
は学部昇格を果たし、野生動物学の授業も開始された。1 年生対象（通年、2 単
位、選択）であったので、突っ込んだ話はむずかしいが、鳥類・哺乳類各動物
群の分類・形態・生理・生態など基礎的内容を中心に講じた。当初、パワーポ
イントはなかったので、膨大な数の講義用 35 mm のスライドの準備に忙殺さ
れた。また、日々吸収する情報量もすさまじく、野帳（コクヨ社レベルブック）
を本格的に使用するようになったのも、このころあたりで、現在でも使ってい
る。今、私の手許には 50 冊以上の野帳が残され、本書原稿を作成する際に見
返している。以上のような授業スタイルは、基本的に、コアカリ準拠の授業体
制（4 年生対象、名称は野生動物医学、半期、1 単位、必修）が始まるまで継続
された。

(4) 〈おしゃべり袋〉にならないために

　授業の内容には、以上の野生動物や園館動物などの基礎的事項に加え、寄生
虫（病）やその他の感染症の話題も滑り込ませた。1 年生には少し早いかなと感
じたが、〈おしゃべり袋〉とならないための既成事実づくりであった。だが、受
講した学生には好評であったようだ。1 年生といえば、教養科目ばかりで、こ
の内容からおそらく獣医大らしい息吹を感じ取ってくれたからであろう。いず
れにせよ、そのために、授業運営と並行して、さまざまな動物をかき集め（第

4 章)、寄生虫を調べ、どんどん公表していった。本書末尾の参考文献には、このような公表論文のごく一部が紹介されている。とくに、本書では鳥類が中心だが (第 3 章および第 4 章)、同じような熱量で、哺乳類や両生類・爬虫類も扱っている。

　ところで、一般には、野生動物と獣医学・獣医療が結びつくと、傷ついた動物の救命・ケアが思い浮かぶ。それを傷病救護というが、その対象の大部分が鳥類である (第 3 章および第 6 章)。

　また、連想ゲームではないが、鳥類といったら、探鳥 (バード・ウォッチング)。それならばと、授業協力してもらうため、本学の公認学生サークル・野生動物生態研究会にも声をかけることにした。さっそく、顧問教員に相談したところ、定年が間近なことと、当時、本学に併設されていた短期大学学長職の多忙さから、顧問を任された。これは、さすがに計算外であったものの、課外授業として、希望者だけを野幌森林公園 (第 1 章) に連れ出し、探鳥をした際、サークルのメンバーにはサポートをしてもらった。いや、それ以上に、その後の四半世紀、このサークルに関わったのは人生の宝であった。くわしくは、以下、たびたび触れる。

　かき集めた死体だが、寄生虫などの病原体を調べたら、普通なら宿主動物の体は廃棄される。しかし、それはじつにもったいない。それならばと、剥製や骨格標本などにして鳥類・哺乳類の分類・形態の教材とした。当初、正規授業でも用い、スケッチをさせたが、今日は、これらはそのような授業で活用するよりも、公開講座などの啓発活動で活用している (第 6 章)。後年、この標本づくり自体が、本学に設置された学芸員課程の学内実習にも取り入れられた。残念なことに、この課程自体は、数年間設置された後、閉講したが、その存続を望む学生の声を反映し、現在、復活する予定であるという。めでたし、めでたし。

(5)　コアカリで野生動物学も認定されたが……

　経験値を高めるため、実物教育は必須で、学生も潜在的に求めている。だが、後に登場したコアカリ〈野生動物学〉では、すべてが一変した。まず、この科目のポリシーは動物各種 (モノ) を扱うことは少ない。そして、この科目の目標は、〈(前略) 機能のしくみを深く理解しながら、生態系のバランスを崩さぬ (中

略）知恵や知識を学ぶ。遺伝子レベルから生態系レベルまで多種多様な理論（コト）〉である。たとえば、生物多様性、（野生動物の）形態、生理、生態と生息環境、個体群動態、捕獲法と不動化、絶滅危惧種の保全、保護管理、園館学、外来種、法制度と政策論などの項目を学ぶものである。おまけに、受講対象も 4 年生で、その学年の最後に設定される共用試験（前述）のなかで、コアカリ〈野生動物学〉の内容が出題されることから、必須科目となった。なので、渋々受講しているものも多いようだ。当然、4 年生は忙しいので、授業の後の標本観察も、野外への連れ出しもなし。一方、私はプロ（のサラリーマン）の立場で、淡々と教えている。教えてはいるが、少々違和感を覚えている……。

　以上のように、授業内容の方向性の転換から、これら教材標本を授業で見せることはなくなった。だが、野生動物の諸分野を指向する者は、自身の経験値を高めなければならない。また、コアカリ〈野生動物学〉をしっかりした知識として定着させるにも、個々代表種の分類や形態を 1 種 1 種（taxa by taxa 的な学び）すべてとはいかなくても、大まかなグループごとの学習が不可欠であるし、そのためには、実物標本がいる。たとえば、自然史系の大学博物館のような施設があれば、自主的に学ぶ機会は得られるであろう。現在、本学にはそのような施設がないが、学芸員課程の復活を契機に、私はその設置を画策している。

2.2　野生動物医学とは

(1)　ワンヘルス

　最近、獣医学ではワンヘルスという概念を題名に含む獣医師会主催の講演会などが増えた。また、COVID-19 の影響で、よりいっそう、この概念が注目されるようになったと感じている。これは〈ワンワールド、ワンヘルス〉（1 つの世界、1 つの健康）の後半部である。ワンヘルスを標的にするのが保全医学である。この分野は、獣医学、医学および保全生態学の学際である。

　今さらながらであるが、そもそも獣医学や医学とはどのような学問なのであろう。医とあるので、病（やまい）の科学であるし、その病とは異常である。異常察知には正常を知らないとならない。そして、異常を察知し、これを正常に戻すことになるが、端から異常にしないほうが、断然、効果的であることを理

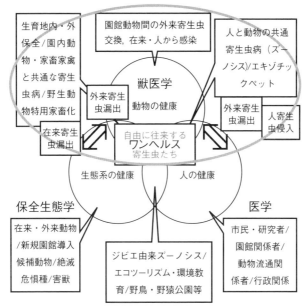

図 2-2 　概念〈ワンヘルス〉に関わる寄生虫病を含む感染症研究例と野生動物医学の範囲（楕円の部分）

解する。このような点（コト）は、医学・獣医学共通で、両科学で異なるのは、たんに対象（モノ）が人かそれ以外かだけである。また、保全生態学では、自然環境の異常を標的にしているが、こちらは究極要因（第 1 章）が密接に関わり、至近要因の科学である医学・獣医学と決定的に異なる。さらに、原則として対象とする動物（モノ）／レベルも違い、保全生態学が野生種（free-ranging）の個体群、一方、医学・獣医学が個体である。

　とくに、野生動物の場合、自然環境と不可分の存在であるので、結果的に、野生動物医学は保全生態学との密接な連携がないと成立しない。しかし、現実問題として、それぞれの分野から〈等距離〉となることはむずかしく、獣医大に身を置く場合の保全医学は、野生動物医学と称されている（図 2-2）。すなわち、集合関係では、野生動物医学⊂保全医学となる。

　以上のように、野生動物医学が、本書の主題であるにもかかわらず、ここに至って、その場しのぎ感が漂う分野であることを告白しなければならないのは、なんとも心苦しい。だが、欧米では 1950 年代に誕生し、専門職大学院（後述）

なども設置され、多くの人材が全世界で活躍している。そのなかで最古かつ最大規模を誇る学会が Wildlife Disease Association（野生生物疾病学会、1951 年創設）である。当初は北米中心であったが、徐々に全世界に拡大され、欧州、北欧、オーストラリア・ニュージーランド、アフリカ・中近東、ラテンアメリカの各セクションが続々と誕生し、2018 年にはアジア保全医学会の認定専門医（後述）らの尽力でアジア・太平洋セクションも新設された。

(2)　日本野生動物医学会の創設と学生の活躍

　一方、日本では、1995 年になり日本野生動物医学会が創設された。私が本学の野生動物学の担当者となった次の年で、数多の学会創立メンバーの 1 人として、その準備会場となった上野動物園に何度か通ったのを憶えている。日本野生動物医学会は、後に獣医学会関連学術団体として認定されたので、この学会員は獣医大教員、飼育鳥類・エキゾ獣医師、園館飼育担当と獣医師が多い。しかし、農学・畜産学を含む応用動物学あるいは野生動物の生態学・行動学の大学教員・研究機関・博物館の専門家・学生なども参画している。もし、興味をお持ちになられたら、この学会の HP をご覧になり、加入を検討されたい。また、この学会では機関誌 Japanese Journal of Zoo and Wildlife Medicine（年 4 回発行）とニュースレター（年 2 回発行）も発行し、さらに、年次大会（後述）も非常に活発であるので、野生動物をはじめ多様な動物に関わりたいという方は、必ず、有益な示唆が得られるはず。

　一般に、（獣医学会関連学術団体などの）学会に参加したという場合、本丸的な日本獣医学会を含む各種学会・研究会の年一度開催される年次大会（学術集会）の席上で、自身の研究を発表することを指す。しかし、日本野生動物医学会の年次大会では、別の意味が生じつつある。もちろん、この学会でも、毎年 100 本近い発表（口頭あるいはポスターなど一般講演）がある。が、なんといっても、ほかの獣医学関連の研究団体のそれに比して、ゼミ所属前の低学年（ときには中高生も！）の姿がとてもめだつのだ（図 2-3）。もちろん、自身が研究発表をするのではない。純粋に講演を聞きにくるため。つまり、彼らが学会に参加するとは、ほんとうに〈参加〉するのである。

　この傾向は、2000 年を境に顕著になった。理由は、日本野生動物医学会に所属していた学生会員が連帯し、彼ら学生が主体的に活動する場（学生部会）を学

図 2-3　日本野生動物医学会年次大会の一コマ（多数の園館獣医師に
混じり、学生で満杯となった会場）

会執行組織内に常設する要望が出され、同学会理事会・評議委員会が機関決定
したからだ。学生部会設置の後、間髪を入れずに、各獣医大や応用動物系の大
学に支部が設立され、学生間の横断的連携はより強固になった。そして、この
学会の年次大会はそのような学生たちが一堂に会する場ともなり、前述のよう
な活況を呈す状態となったわけである。私も、この年次大会を開催事務局側と
して、1998 年と 2015 年の 2 回、運営し、彼らから元気をもらった。2015 年
の大会では、本学医動物学ゼミ出身の旭川市旭山動物園・坂東元園長に大会長
をしていただいた。

　その他、学生部会は独自の研修会も行っている。その一環で、本学支部有志
は Student Summer Course（SSC）という学生会員対象の短期の野生動物医学実
習を実施していた。当然、この実習は WAMC を拠点に行うもので、ゼミ生は
講師側として対応する。2004 年以来、夏（毎年 9 月中旬）の恒例行事であった
が、2020 年は COVID-19 のため、中止を余儀なくされた。このようなことは、
2010 年、口蹄疫の大発生のときだけである。来年は再開されることを祈りつ
つ、この原稿に向かい合っているが、このようなことは誤差範囲である。学生
部会が活性化してすでに約 20 年となり、そこで活躍した元メンバーらが、現
在の野生動物医学を牽引する人材となっていることに相違ないのだから。

(3)　獣医学と獣医師

　日本では 30 年に満たない野生動物医学ではあるが、獣医学の一分野として、徐々に認知されつつある。たとえば、日本獣医学会（前述）のなかにある解剖、病理、臨床、公衆衛生などの伝統的分科会の 1 つに、数年前、野生動物も加わった。歓迎される一方、日本野生動物医学会と競合するのではないかという声もあったが、そのような心配は無用で、当該分科会主催のシンポジウムでは多くの参加者を得ている。

　会員数が多く、専門分野が多様な獣医学会の年次大会（前述）は、分科会ごとに研究発表や投稿論文の査読を行う。この分科会の存在以前は、野生動物を扱ったモノゴトは、既存分科会のなかで、例外的事例のような雰囲気で扱われていた。隔世の感があるが、当事者としては、あまりにも急激な変化に、とまどってもいる。そこで、野生動物医学が獣医学全体のなかでどのような位置（ニッチ）を占めるのかを再確認したい。

　まず、獣医学であるが、基礎獣医学、病態獣医学、臨床獣医学および予防獣医学に大別される（日本獣医学会専門部会の名称に準ずる）。また、病（異常）に対しての姿勢（前述）も示した。

① 基礎獣医学（あるいは生体機能学）——正常を知る分野。解剖学、生理学、生化学、薬理学、分子生物学、放射線生物学、実験動物学など。

② 病態獣医学（あるいは感染・病理学）——異常を察知する分野。ウイルス学、細菌学、寄生虫学（あるいは医動物学）、病理学、免疫学など。

③ 臨床獣医学——正常に戻す分野。通常、生産動物／伴侶動物医療学に二分され、それぞれ内科学、外科学、画像診断学、麻酔学、眼科学、繁殖学（あるいは動物生殖学。医学の産婦人科に相当。畜産学の繁殖学は第 6 章）など。

④ 予防獣医学（あるいは応用獣医学、環境衛生学）——異常にしない分野。公衆衛生学、動物衛生学など。

　以上、① から ④ を獣医大の組織にトレースすると、まず、大講座・領域・分野などの区分に割り振られ、それぞれにゼミが配される。ゼミ名称から、そのゼミの性格はモノあるいはコトで分けられそうだが、そう単純ではない。たとえば、② には病原体（ウイルスや細菌などのモノ）と疾病（病理現象であるコ

ト）を扱うゼミが包含される。しかし、本学の医動物学のゼミでは、寄生虫・衛生動物（第 5 章）というモノに加え、寄生虫病（の診断、予防、疫学）というコトも扱っている。したがって、ゼミを選ぶ際は、看板だけではなくて、担当教員に確かめる必要がある。

　さらに、肝心の野生動物医学であるが、日本獣医学会の〈野生動物分科会〉は② 病態獣医学専門部会に分類される。一方、野生動物学のコアカリ上の位置（教育分野）としては、④ の応用獣医学教育分野に分類される。このように、野生動物医学の獣医学研究・教育上の位置は、しっかり定まっていない。根なし草のようで、落ち着かない印象だが、グレーな状態にあることは不利ではないと前向きにとらえている。いかにも、学問の垣根や境界となじまないワンヘルスの科学らしいと思えるからだ。

　私個人としても、モノゴトが混然一体となったゼミを運営し、さらに、病態・応用獣医学の野生動物医学も兼務している。かつては、一点に深化できない中途半端な状態に、悶々としたこともあったが、今は、分野に縛られない自由な立場を楽しんでいる（あきらめている）。もし、今後、諸般の事情で、キャリア途中から野生動物医学も兼務する事態に追い込まれそうな方は、これまで述べたような立場に耐えられるのかどうかを事前にシミュレーションしてほしい。

　さて、獣医大における 6 年間の専門教育課程は、前ページの ① から ④ でそれぞれ示した科目で構成され、途中、共用試験に合格、獣医師仮免許を得て、生体を用いた実習経験を積み、卒業時に農林水産省実施の獣医師国家試験を受ける。これに合格し、晴れて獣医師の資格を得る（以上、前述）。この有資格者は、現在、約 4 万人存在し、多くが犬・猫の伴侶動物診療業務に携わるが、家畜の診療や保健所・家畜保健衛生所に勤務し、食肉検査や公衆・動物衛生の指導にあたる者もいる。ほかにも薬品製造などの民間会社に勤める者、そして、野生動物医学領域である園館飼育動物の健康管理などに従事する者がいる。

(4)　ゼミ選びに際して

　就職の詳細は第 6 章に譲るとして、今、この項でおさえるべきはゼミ選びである。ここで述べることは、この本の主題である野生動物医学とは離れ、一般論なので、ほかの学部の大学生にも参考になるはずだ。まず、ゼミで一生が決まるわけではない。が、ゼミで培った経験やそこに集う教員や学友、卒論研究

で出会う学外専門家、研究材料・データを得るまでに関わった人々などは、まちがいなく、その後の人生に影響を与えるであろう。

よって、将来、どのような道に進むにせよ、これなら一生をかけても追求できるというモノゴトが用意されたゼミを選ぶに越したことはない。さらに、卒論テーマも慎重に考える。

その際、獣医大ならば、究極要因も追求したいのかどうか自問する。この重要性を、少しでも理解していただくため、第1章で思考の連鎖をくわしく記述した。繰り返すが、至近要因の牙城である獣医大で、究極要因も追求するとなると、相当な覚悟がいる。当然、野生動物を相手にしたいのなら、究極要因は不可避である（願わくば、究極要因の研究をしたいので、野生動物も扱うという順序のほうが好ましいが……）。もし、野生動物の材料を使いながら、ただたんに数値の列挙で終わるようならば、開腹手術をしたまま、縫合をしないのと同じくらい、中途半端なのだ。その結果について究極要因の側からの考察がほしい。少なくとも、日本野生動物医学会で研究を発表した際、もし、それで終わってしまったら、会場から「その数値は、その動物の進化や生態を鑑みた場合、どのような意味を有するのだ」と、必ず突っ込まれる。もちろん、候補にあがったゼミで、その担当教員が〈おしゃべり袋〉（前述）かどうか、論文はあっても、その内容は自分の目指すモノゴトと合致するのか、その論文はゼミ生を筆頭にしているのかなども、重要な見極めポイントである。

何度も繰り返すが、研究を基盤に教育をする場が大学で、その真髄をゼミで会得する。本来ならば、このことは大学入学前に、調べておくべきだ。概して、受験生は、いわゆる偏差値の高低のみで大学を選ぶ。とくに、低の大学は、生き残りのために、誇大・過剰な〈宣伝〉をしてしまう。「本学では○○をしています。興味があるかどうかわかりませんが……」のような淡々とした発信が〈広報〉である。〈ぜひきてくれ！　このような特典あり！〉のような積極的誘導をするのが〈宣伝〉。こうなると、完全な商いである。悪くはないと思うし、ある意味仕方がないとも思う。今後、大学はどんどん潰れていくのだから。

ならばどうするのか。簡単である。相手が商いならば、こちらも賢い消費者になるだけだ。すなわち、〈宣伝〉の美辞麗句に惑わされず、しっかりした研究（論文）があるのかどうかを調べればよい。正直なところ、ろくに下調べもせず、進学した先に自分の望むゼミ・教員が不在というクレームは、自身の愚かさを

披瀝しているだけである。繰り返す。教員業績（≒論文）は、必ず調べる。一方、各大学は、そのような要求に応えるために、教員の研究業績をリポジトリなどで、わかりやすい形で公開をすべきである。空っぽの〈宣伝〉は、消費者（＝受験生）にとっても大学にとっても、むだである。

　なお、大学院に進むことを考えている方へ。基礎や病態の研究は医学となんら変わらない。したがって、たとえば、こういった分野のゼミ生が医学系大学院に進学し、医学の寄生虫学やウイルス学などのゼミの教授となった本学卒業生も複数存在するし、今般の COVID-19 でも不眠不休で闘っている。このあたりのサイエンスは、共通なのだ。もちろん、その道は、険しいことだけは覚悟しなければならない。

(5)　野生動物医学の研究事例

　では、野生動物医学の具体的な研究例にはどのようなものがあるのか。要するに野生動物、園館動物、愛玩鳥、エキゾなど（のモノ）を対象にした前述した ① から ④ の各獣医学である。しかし、日本野生動物医学会の年次大会で紹介されるものとしては、外来種を含む野生種の病原体保有状況、捕獲技術の確立、園館動物の疾病と飼育環境との関連性、希少種の遺伝・生理・繁殖の事例研究などが多い。

　病原体が野生動物体内にいても、必ずしも疾病を起こすとは限らない。むしろ、野生動物は健康な状態で、病原体の運び屋となってしまうほうが多い。しかし、人為的開発による生息環境の破壊・攪乱により本来の宿主ではない人や飼育動物などに遭遇し、新興・再興感染症の発生原因となることがある。今般のコウモリ類に寄生していたウイルスに端を発した COVID-19 は、まさにその好例である。また、野生動物の個体群変動に影響を与える病原体もあり、日本では飛来地・越冬地が狭くなり（第5章）、巨大な群れをつくる水鳥類において、感染症の大発生がいつ起きてもおかしくはない。深刻な影響を与える新興感染症発生を防ぐためにも、不断の研究が必須となる（第3章）。

　野生動物は野生下で広範囲に遺伝的交流を行い、遺伝子レベルの多様性を維持してきた。しかし、生息地荒廃・分断により近交劣化が起き、局所的な個体群絶滅の繰り返しで、最終的に種が絶滅する。これを回避するため、自然環境の健康を保全する学問・保全生態学に加え、当該個体群の栄養、成長、繁殖、

そして感染症などの医学・獣医学的な情報も基礎となる。そして、これらいずれもが、野生動物医学の主要なテーマの1つで、私たちがもっとも密接に関わるのが、寄生虫病を含む感染症である。

　また、野生動物医学研究で不可欠な技術の1つが、適切な捕獲法である。従事者に安全で、生きた動物を捕獲する技術であり、とくに、大型動物のそれは野生動物医学の華である。この技術体系には捕獲・保定・不動化（麻酔）・モニタリング・基本作業（体部計測、齢査定など）・調査作業（電波発信器、標識などの装着）・覚醒・放逐あるいは輸送など、いずれも獣医学が基盤となる。しかし、これらの技術体系は獣医学ではなく、保全生態学の分野で発達した（第5章および第6章）。すなわち、この技術は森林資源に害をなす陸生獣を標的にする林学や水産資源の魚類や海獣類を標的にする水産学で産声を上げたのだ。これら野生動物の保護管理（マネージメント）は、こういった分野で必須であったからである。したがって、捕獲調査ではこれらの両分野と連携し、win-winの関係を築いてほしい。もちろん、第5章でガン類の捕獲を紹介したように、私たちにとっても、不可欠な技術である。

　以上に加え、野生動物医学で主要な分野が、園館動物の医療学である。国際自然保護連合と世界動物園水族館協会〈世界動物園水族館保全戦略〉では、園館が環境保全センターの役割を担うべきとされ、希少動物の人工繁殖、疾病管理、つがい形成のための亜種分類、飼育環境などの研究が必要である。最近では、通常業務の一環で、普通種の人工繁殖がさかんである。以前に比べ、野生種がそう簡単に輸入できないことが背景にあり、各園館は自助努力で展示する動物を増やしていかないとならないのだ。結果、みなさんが園館でご覧になる種の多くが、もはや日本生まれなのだ。そして、その業務の基盤技術が畜産学の繁殖学である。もちろん、希少種の保護増殖面でも同様である。もし、そういった方面で活躍したいとお考えならば、繁殖疾患に対応する獣医繁殖学ではなく、畜産学の繁殖学を指向すべきである（第6章）。

　年々、大きな潮流になりつつあるのが、飼育動物の福祉（アニマルウエルフェア）やこの向上を目指す試みであるエンリッチメントであり、その方面の研究もとてもさかんである。たとえば、類人猿の尿からストレス物質を検知する試みがある。動物の体内では身体／精神的負荷により活性酸素が多く発生し、脂質・核酸に酸化損傷が生じる。この際にDNA構成成分である deoxyguanosine

図2-4　8-OHdG検出キット（左）と類人猿からの尿採集の様子（右；私と国環研、各動物園との共同で実施した研究報告書から）

の代謝産物 8-hydroxyguanosine（8-OHdG）が血液を経て尿中に排泄される。これを、人の老人医学で使われるキットで調べるのである（図2-4左）。少しいやらしい話だが、このキットはとても高額で、競争予算がなければ研究できなかった。幸い、JSPS 科研費が採択されたので（第6章）、なんとかなった。少し話が逸れたが、この手法がすごいのは、尿を使うことである。こういったストレス物質は血液で調べることが常套なのだが、採血自体がストレスになる。だが、尿はサンプリングによる余計なストレスが生じない。このように、尿は動物福祉のアセス面では、優良な材料の1つなのである（図2-4右）。たかがオシッコ、されど、オシッコである。

　もちろん、私たちが、園館からもっともご依頼をいただくのが、寄生虫病の診断である。正確には、その根拠となる寄生虫同定（第1章）やその保有状況の調査である。同様なご依頼は、鳥類・エキゾ専門獣医師、特用家畜・家禽飼育者、そして、野生動物救護の個人・団体などからいただく。なお、特用家畜あるいは特用家禽とは、観光牧場や地域おこし産業などで眼にするアルパカ、アイガモ、ダチョウ・エミュー（第4章）など、比較的近年になって産業ベースで飼育された動物のことである。

　とくに、WAMC が日本野生動物医学会から〈蠕虫症研究センター〉に指定された 2006 年から急増した。したがって、WAMC（医動物学）のゼミ生は、いつか、自分がこういった動物と関わることを想像しつつ、嬉々としてこれら診断材料に立ち向かっている。おそらく、獣医大の病理や微生物系のゼミは、同様な依頼を受けているはずだ。私が留学したロンドン動物園のような欧米の園

館では、臨床専門の獣医師はもちろん（日本では専任獣医師すら不在の施設も多い）、病理や疫学専門の獣医師が配され、さらに、その診療施設のラボにはテクニシャンや動物看護師も配されるので、そちらに依頼されるため、獣医大の出番は少ない。

2.3　より高みを目指す野生動物医学のために

(1)　野生動物医学の専門職大学院

　本章冒頭で述べたように、野生動物医学教育を自前でやり繰りしていたので、私はつねに限界を感じていた。そこで、本学の研究留学制度を活用し、2000 年 10 月、ロンドン大学（王立獣医大学校 Royal Veterinary College）大学院とロンドン動物学会 Zoological Society of London とが共同開講する野生動物医学専門職修士 MSc Wild Animal Health（以下、WAH）課程で学ぶことにした。私のように 40 歳という高齢でこの課程に入学したものは、当時、5 期まで修了院生を出した段階ではめずらしかった。しかし、2020 年 10 月現在、26 期生が入学した今、このような高齢院生も稀でなくなった。

　私がこの課程を選んだ理由は、授業の大部分がロンドン動物学会附属動物園 Zoological Garden、すなわち、ロンドン動物園（図 2–5）とウイップスネード野生動物公園（図 2–6；ロンドン動物園のサファリパーク版）で行われ、非常に実

図 2–5　ロンドン動物園動物病院玄関（写真左、動物園正門が霧に隠されている）

図 2-6　ウイップスネード野生動物公園係留施設の 1 つ（空気銃を用い抗生物資を投与する様子）

践的で関連領域を広く見渡せる教育機会と信じたからである。

　もう 1 つの理由は 1 年間で修了できること。中途退職をせず、サラリーマン教員の身分で大学を離れることが許容されるのは、前述の 1 年間の研究留学制度だけである。WAH は修士課程であるが、1 年間の設定である（通常の修士課程は 2 年間）。そこで、寄生虫病と野生動物医学の両方を研究するため、WAH の課程に入る必要があるのだと学長に談判し、決裁をもらった。論文刊行という点では、実際、そのとおりになったので、うそではなかった（後述）。ただし、課程授業料の約 300 万円は私費であるし、正規入学なので、大学院事務局が求める英語能力検定試験 IELTS で、高スコアが求められた。お金もきつかったが、英語の壁は、もっとつらかった。一般日本人が、短期間で英語能力（とくに、リスニング）を向上させることは至難の業である。もし、国外留学を希望される方は、前々から、英語放送を聞くなどして準備を進めておくことを強く推奨する。

　三度目の IELTS で、なんとかギリギリのスコアを得て、入学許可書の FAX が大学に届いたのは、渡英予定日の 2 週間ほど前であった。10 月のロンドンは、すっかり秋模様で、物見遊山の絶好シーズンではあったが、そのような余裕はまったくなく、第 1 日目から怒濤の留学生活が始まった。

　WAH の全課程は 1 つの学期（ターム）が約 3 カ月、これが 4 つで構成され、第 1 学期から第 3 学期は各種動物の飼育・飼養学、栄養学、系統分類学、個体群生物学、保護遺伝学、野生動物利用学、倫理・福祉学、疫学、免疫学、感染・非感染病学、疾病調査学、看護学、予防学、麻酔学、外科学などの講義と病院実習が設定されていた。実習は学部教育で行うお膳立て形式ではなく、マン・ツー・マンで病院業務を補助する形式が主であった（図 2-7 から図 2-9）。

52

図2-7　検疫作業の一環として、国外輸入サル類眼瞼に結核診断液を注射している様子（ロンドン動物園にて）

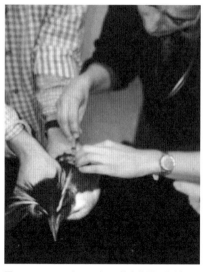

図2-8　イワトビペンギンに抗生物質を注射している様子（ウイップスネード野生動物公園にて）

　しかし、爬虫類の開腹術の外科実習では、エキゾ病院の協力を得て、市販ペットの爬虫類を使用することもあった（図2-10）。また、ロンドン以外の動物園・野生動物保護施設での研修もあり、その1つがドーバー海峡に面したアザラシ病院であった（図2-11）。この病院は水質汚染とアザラシジステンパーなどで大量死したアザラシを救護するため、欧州全域に設置された施設の1つで、寄付

図 2-9　インドサイの視診をしている様子（ウイップスネード野生動物公園にて）

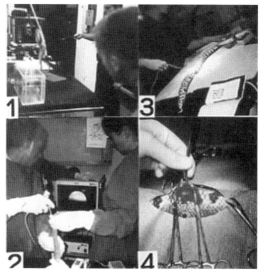

図 2-10　市販ペット用ヘビ類を用いてエキゾ専門医指導による臨床実習（ロンドン動物園にて）

により設立・運営されている。北海道でも、ゼニガタアザラシが周年生息するが、幸い、北海道を含む太平洋ではそのような大量死は知られていない。

　これらに加え、病院実習で経験した症例報告と修論の作成が修了要件として求められた。私の場合、これらを刊行できれば、研究留学としての体面は保た

54

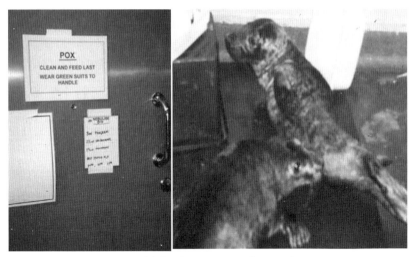

図 2-11　アザラシ病院における臨床実習（イースト・アングリアにて）

れるので問題はないが、ほかの院生たちは、すいぶん、苦労をしていた。

　これら授業は王立獣医大教員、ロンドン動物学会獣医師と研究者、その他の英国内外の専門家合わせて約 100 名が入れ替わり立ち替わりで行った。彼らの専門分野は比較生理学、比較病理学、血液学、ウイルス学、細菌学、真菌学、寄生原虫学、寄生蠕虫学、衛生動物学、毒生学、放射線学、分子生物学、免疫学、外科学、麻酔学、内科学、繁殖学、眼科学、（人の）歯科学、法学、統計学、倫理・福祉学、有袋類医学、霊長類医学、小型および大型草食哺乳類医学、飼育ラクダ医学、海獣医学、肉食獣医学、ダチョウ飼養学、養鹿学、養蜂学、無脊椎動物学、魚病学（愛玩、養殖）、両生・爬虫類医学、鳥類医学、動物園動物医学、保全遺伝学、動物生態学、系統分類学などであった。

(2)　感染症教育重視の授業構成

　授業で対象となる動物は魚類、両生類、哺乳類（サル類、海獣類、有袋類、ゾウ類、奇蹄類、偶蹄類、養鹿シカ類、家畜ラクダ、肉食獣など）、そして、さまざまな爬虫類・鳥類と無脊椎動物であった。爬虫類では相対成長にもとづく薬物投与量算出法、体温変化特質、輸液、投薬方法・ルート、病原体・寄生虫対策、ワクチン、維持治療、飼育環境の検査法、隔離法、超音波診断、安楽死、麻酔、眼科、歯科、外科などである。

図 2-12　生物多様性展示施設にてマダガスカルオオゴキブリの
視診実習（ロンドン動物園にて）

　その外科では、前述したエキゾ個体のみならず、動物園で飼育される個体に
対し、縫合、甲羅の処置、耳孔膿瘍、腫瘍切除、脚部切除、陰茎切除などの診
療が実習として行われた。一方、鳥類では腹腔鏡を用いた鳥類の性判定実習、
鳥類の翼・脚部骨折や切除および飛翔抑制処置などであった。ロンドン動物園
以外の施設では、前述のアザラシ病院のほか、野生カモ類や猛禽類の臨床施設
（こちらも寄付で設立・運営）で泊りがけで研修した。
　脊椎動物のみならず、無脊椎動物の診療実習や病理解剖も含まれていた。ロ
ンドン動物園には、Web of Life と名づけられた生物多様性を学ぶ教育施設があ
り、そこで展示されるタランチュラ類、絶滅危惧コオロギ類、マダガスカルオ
オゴキブリ（図 2-12）、アフリカマイマイ、絶滅危惧腹足類などを扱った。
　近年、日本では、植物防疫法のハードルが下がったため、国外の昆虫持ち込
みが容易になった。国外の昆虫類輸入が禁止されていたのは、農作物へ被害を
与える害虫の規制をかけていたが、その懸念がないとされたからであろう。生
物多様性や外来種といった面で気になるが、とりあえず、ネット販売も追い風
となり、色鮮やかな昆虫類を個人飼育することが増えた。高価な種もあり、な
んとか生かしてほしいという要望もあろう。いや、犬・猫に対して抱いたよう
な愛情が芽生え、獣医師のもとを訪れるオーナーもいるかもしれない。いずれ

56

にせよ、期待を裏切らないように、無脊椎動物のエキゾ医療もしっかり取り組んでほしい。

じつは、従来の獣医学でも、ミツバチ（かつてはカイコ）の疾病は、獣医師国家試験で問われている。現に、私もミツバチの気管や体表に寄生し、家畜伝染病予防法に指定される疾病の病原ダニ類についても教えている。しかし、さらに広範な昆虫の感染症などの疾病に関しては、植物病理学の分野で発達しているので、そちらの専門家との共同研究が必要だ。もちろん、昆虫の個体診療という視点はないので、臨床技術の確立の準備もしないとならない。

ところで、WAH で提供される講義は、約 350 コマで構成され、うち基礎・予防獣医学約 31％、病態獣医学 40％、臨床獣医学 29％、さらに病態獣医学は寄生虫病を含む感染症約 30％ と生物毒による中毒など非感染症約 10％ であった。以上のように、病態獣医学、とくに、寄生虫病を含む感染症の診断、治療および予防に力点が置かれていたのは特筆された。すなわち、標準的な野生動物医学教育は、感染症制圧と不可分であると解することができよう。

(3)　近代動物園の祖は今なお野生動物医学のメッカ

印象的であったのは、最後の授業であった。ロンドン警視庁（スコットランド・ヤード）の射撃場に出向き、脱走した飼育動物を一撃で仕留める方法を学ぶもので、シャーロック・ホームズの映画に出てくるような、強面鬼教官が射

図 2-13　脱走飼育動物を一撃で仕留める射撃実習（ロンドン警視庁射撃場にて）

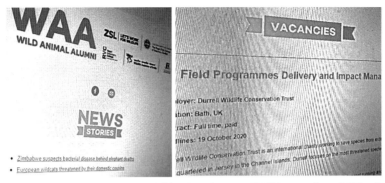

図 2-14　ロンドン大学（王立獣医大学校）大学院／ロンドン動物学会共同開講の野生動物医学専門職修士課程修了者に送付される就職情報（2020 年 10 月 3 日に送付されたものの一部）

撃方法を伝授してくれた。もちろん、的は紙に描いた動物で、拳銃・ライフル銃・マシンガンの各銃器に実弾を装填し、使用した（図 2-13）。クラスメートは、ずいぶん楽しそうだったが、私には実弾を発射した銃の感触は気持ちのよいものではなかった。20 年以上も前であるが、今でもその感触は残っている。そういう場面に出くわさないことを祈る。

　以上は、徹底した詰め込み式教育であり、その習熟度は学期末試験で厳しく評価される。私の同期生（WAH 2000/2001；6 期生）は女性 11 名、男性 4 名（オランダ 2、英国 1、ドイツ 1、スペイン 5、ポルトガル 1、米国 1、オーストラリア 2、エジプト 1）、平均年齢約 30 歳、職業は大学教員、野生動物・動物園獣医師などであった。彼女らによると米国には博士課程は豊富だが、さまざまな分野をコンパクトに広く見渡す課程はないし、オーストラリアと南アフリカ共和国には類似のコースはあるが、いずれも期間が 2 年間で、半分ですむWAH にしたという。コース定員 15 名前後、1994 年創設から 2020 年まで 360名以上の修了生を出しており、7 割程度が世界各地で関連職域に就いているという。その就職支援として、この大学院は修了者向けに就職情報をメールで配信している（図 2-14）。

　現在、日本の獣医大に勤務する教員で、WAH 修了者は私だけだが、当該課程を修了したその他の日本人（日系英国人除く）は 2 名おり、いずれも女性である。さらに、現在、獣医大新卒の 1 人（この方も女性）が、進学を真剣に検討中とのことで期待をしている。

58

　閑話休題。コース在学中、私は野外実習担当のロンドン動物学会所属の研究者らと、しばしば鳥雑談をした。話題は、もっぱら、上空を飛び交う鳥類の識別法や生態などであった。私は本学の野生動物生態研究会・顧問就任を機に（前述）、鳥類調査（センサス）に加わっていたので、ある程度、話題には追随できた。「〇〇は日本の種とはここの色が同じであるが、その部分が違う。日本の種のさえずりはこうだよ」と、物まねを披露した。件の研究者に動物学を選んだ契機を聞くと、幼少時の探鳥経験が大きな影響を与えたと答えてくれた。鳥類はもっとも身近な野生動物であり当然であろう。一方、私は 30 半ばから鳥見をしたので、遅ればせながらであったが、彼らとそれなりに話ができ、安堵したことを憶えている。もし、野鳥に関し無知であったら、不思議がられただろう。獣医大で野生動物学を教えている立場で、鳥類のことを知らないというのは、信じられないのだろうから。

　このように、どのような動物を対象にするにしても、鳥類の基本知識を備えておくほうが無難である。これは、市井の動物病院に勤務される伴侶動物の獣医師でも同様だろう。「動物のこと、なんでも知っていると思ったけど、鳥のこと、なにも知らないね」などと、小学生に軽んじられないためにも。

　さて、先ほど、スコットランド・ヤードやシャーロック・ホームズの話が出たが、ロンドン動物園はこの名探偵と関係がある。WΛH のメイン・キャンパスとなったこの動物園には、毎日、地下鉄ベーカー・ストリート駅で下車し、近接したリージェンツ・パークを突っ切り、とんがり屋根のゾウ舎を目指して通った。地下鉄駅名からおわかりのように、ホームズの探偵事務所のあった場所で、駅出入口には彼の立像がある。人気 TV ドラマ『相棒』の杉下右京警部が、その傍らを軽く会釈して通り過ぎた。通りをはさんだ向かいにはホームズの探偵事務所を模した土産物屋もある。19 世紀の警官コスチュームを着込んだ呼び込みが立っているので、交番とまちがえないように。

　ロンドンは日本人にとって人気観光スポットだが、わざわざその動物園にまで足を延ばす人は少ない。でも、大都会のまっただなかだが、古臭くて、建物は普通に 200 年以上使っているのも普通なので、ビクトリア朝時代の魔都を体感できる。映画『ハリー・ポッター』で Reptile House が出てきたシーンを憶えておられるだろうか。あれは、実際に、ロンドン動物園にある。ちなみに、その撮影があったころ、私は、そこで爬虫類担当の姉御肌のキーパー女史（右

腕のトカゲの入れ墨がトレードマーク）にしごかれたばかりであった。

　園内には古色蒼然たる運河もあり、堤防には数週間前に発見された死体に心あたりのある方は○○へ電話せよという物騒な立て看板も、違和感がなく風景に溶け込んでいた。物騒といえば、私が通学のランドマークとしたとんがり屋根のゾウ舎にはアジアゾウが3頭いた。だが、うち1頭が、私の帰国直後に、猥談好きの気のいい男性キーパーを殺した。そのため、ゾウはすべてウイップスネード野生動物公園に移管され、代わりにラクダが入った。

　肝心の敷地も矮小かもしれないが、東京よりもずっと高い地代の一等地では十分の広さだ。それに、痩せても枯れても、ロンドン動物園は近代動物園の祖である。明治の訪英団であった福沢諭吉が〈動物園〉という単語を思いついたのも、昭和天皇がジャイアントパンダをご覧になったのもこの動物園。そもそも、動物園の英語一般名称となったzooは、この動物園の正式名称Zoological Gardenを縮め、つけられた愛称であった。もちろん、野生動物医学の研究・教育でもトップを走り、その一端がWAHに結実したのだ。

　したがって、野生動物医学を志向される方々は、この動物園を、人生で一度は訪問しなくてはいけない。少なくとも私は、40代初頭の研究者としても大事な一時期、この動物園で過ごしたことに微塵の後悔もないし、誇りに思う。

(4)　感染症に揺れた新ミレニアムの果てに

　かくして、英国留学の経験により、野生動物医学研究・教育面で絶対的な自信を得た。ただし、これはWAHの課程内容で施されたことのみを意味しない。英国に滞在中、偶然にも、動物感染症が社会全般に大きな影響を与えたことを実体験したからだ。

　2001年春から夏にかけ、英国を含む欧州は生産動物の重大なウイルス感染症・口蹄疫に見舞われた。口蹄疫ウイルスは車や人とともに容易に農場に運ばれることから、英国内はロックダウン状態となった。このために、修論で予定していた救護動物の寄生虫調査は不可能となり、別課題への変更を余儀なくされた。いや、そのようなことは些末なこと。

　数多の畜産農家が自殺し、安楽死処分された家畜を焼却する煙が英国全土の空を覆い、中世の如きであった。この対応では人手が足りず、定年退職した公務員獣医師や卒業間際の獣医大生（5年生）も招集された（学徒動員というやつ

だ）。首相選挙も延期され、人気が落ちめのトニー・ブレア首相（当時）の在任
期間も若干延びた。なにしろ人の動きがなくなったので、たとえばウエスト・
エンドで20年近くのロングラン・ヒットを記録したミュージカルも休演され
……等々、感染症が世の中をがらりと変えたことを肌体験した。

　今般のCOVID-19により、感染症が人類社会に広く影響を与えることを、多
くの日本人が経験している最中だが、私はすでに約20年前、経験済みであっ
た。しかしながら、私は今、英国でのこの体験が生かせず、ただ座しているだ
けに、強い無力感と不甲斐なさを感じつつ、この原稿に向き合っている。

　さて、この口蹄疫禍だが、真夏には収束し、急遽、課題変更された修論もな
んとか完成、英国生活は残り3週間を切っていた。しかし、世界を震撼させた
大事件が起きた。

　911米国同時多発テロ。この報を初めて聞いた場所は、ロンドン動物園動物
病院の手術室（シアター）であった。会話のなかに、トレード・ビルディングと
かジェットとか、普段、その場所では聞き慣れない単語が飛び交い、最初、な
にを話しているのか理解ができなかった。その時点で、在英期間は約1年であっ
たが、文脈を予想しながらのコミュニケーションであったので、普段の内容を
超えるとさっぱりダメであったことを痛感した。

　いや、そういうことはどうでもよい。トニー首相はジョージ・W・ブッシュ
大統領のところへ、イの一番に馳せ参じ、わが英国は米国の同盟国だ！　一緒に
戦うと全世界に宣言していた。つい昨日まで、温暖化防止条約に参加しない米
国をさんざん批判していたのに……。在英日本人の間では、戦争になるとの流
言も飛び交った。

　しかし、そうはならず、一家全員、無事、帰国を果たした。〈一家？〉と思わ
れる方のために補足をするが、当時、私は獣医師の資格を持つ妻と子ども3人
（7歳、9歳および11歳）を連れて渡英していたのだ。生活や子どもの学校のこ
とでも非常にたいへんで、現地の無料の学校に入れる交渉は、タフ・ネゴシエー
ターと化して対応した（日本人校は私の大学院授業料とほぼ同額）。だが、そう
いう話も、とても長くなるので割愛する。

　ところが、帰国した当時の北海道も、牛海綿状脳症（以下、BSE；以前、狂
牛病と称された）に揺れ、と畜場で牛の検査を担当していた若い女性獣医師が、
BSEの牛を見逃した責任を感じ、自死したというとんでもない状態であった。

その獣医師の名誉のためにも強調するが、BSE の生前診断は、今も不可能だし、ましてや臨床症状だけでは、どのような獣医師であっても無理なのだ。

　しかし、この報は私の心に変化を与えた。獣医大であっても、臨床系教員以外、その免許が必須という条件はない。実際、水産学や農学部出身の基礎系ゼミ教員もいる。要は研究論文があるかどうかだけである。非臨床系のゼミに所属する私も、獣医師免許を生かしたことはなかった。しかし、先ほどの悲報に接し、心の片隅に真の獣医師になることを決意させた。

　この心境変化に加え、帰国荷物を解く暇もないなかで、私は本学附属動物病院に入院した国の天然記念物マガンからマレック病の病変を発見する。これが全国的に大きく報道され、取材攻勢や追跡調査の準備に対応しなければならなくなった（第 3 章および第 5 章）。この疾病は家禽のウイルス性腫瘍疾患で、養鶏家にもっとも恐れられている鶏の病気の 1 つである。そのために、ワクチンを接種するが、最近は、その効果の低下が懸念されていた（ワクチン・ブレーク）。その原因に野鳥が絡むのかどうかは不明だが……。なお、その罹患個体が見つかった場所は、国内有数の水鳥飛来地であったが、なにしろ狭く、多数の野鳥が集まり、糞尿で汚染され、いつか感染が起きると何度か報道もされていた。このマレック病の発見は、そういった予想を裏づける〈そーれ、見ろ！〉的な事案であった（第 5 章）。

　マガンのマレック病に加えて、国内では高病原性鳥インフルエンザ（以下、HPAI）の再興、国外でもエボラ出血熱、マールブルク病、重症急性呼吸器症候群（以下、SARS）等々、21 世紀は野生動物由来の新興ウイルス病群とともに幕を開けた。

(5)　野生動物医学関連講座・施設

　世紀末から新世紀に入ってからの、このような世界的動物感染症の情勢が呼び水となり、2004 年 4 月、WAMC（本書「はじめに」）が本学附属動物病院構内に設置された（図 2–15）。当時、国内の獣医大関連で野生動物学のゼミを有すのは、設置順に日本獣医生命科学大学、北海道大学、岐阜大学および日本大学で、とくに、岐阜大ではゼミ専用施設が独立建屋として併設された。WAMC 設置後、北里大学と岡山理科大学にもゼミが設置された。なお、日本大と北里大の場合、ゼミが設置されたのは獣医学科内ではないが、後者では最大規模の

図 2-15　附属動物病院構内の WAMC（楕円）とその拡大像（右下四角に囲まれた建物）

図 2-16　WAMC 玄関に掲げられた北海道庁・北海道獣医師会指定
〈野生傷病鳥獣受診動物病院〉の看板

ゼミ専用の独立建屋を有している。

　したがって、WAMC は、当時、獣医学科専属の野生動物医学関連施設としては 4 番目の開設となった。野生動物の材料を扱ううえで、独立建屋は感染リスク面から、たいへん、恵まれたものであったが、運営する条件として、関連研究業績はもちろん、別に JSPS 科研費など競争予算獲得と活動報告の可視化（業績集の刊行・公開講座など）が課せられた。研究を基盤に教育をする大学の使命を鑑みれば、いずれも当然な条件である（前述）。しかも、設置・運営の原資は文科省や環境省などの予算（原資は税金）であるので、啓発活動を通じた社

会還元は必須である（第 6 章）。

　このような啓発活動が功を奏したのか、WAMC には市民、地方自治体、学内関係者などから傷病救護、不審死個体、害獣対策などの依頼が頻繁に舞い込むようになった。なかでも、傷病野生動物の救護に関しては、北海道庁と北海道獣医師会が設けている〈野生傷病鳥獣受診動物病院〉の指定を受けるまでにもなった（図 2-16）。しかし、この救護活動だが、WAMC の設置目的にはないので、私が〈本宅〉と呼ぶ附属動物病院（現在、動物医療センター）で扱うよう交渉を重ねたが、野生には関わらないというスタンスのためあきらめた。

　そうなると、傷病鳥獣は WAMC で引き受ける以外にない。ちょうど WAMC 設立時、大学の役割の 1 つに地域貢献も！　という声が高まりつつあったのも追い風となり、野生動物感染症の診断・疫学研究の展開に支障がない範囲で対応となった。そうとなれば、対外的に信頼していただける専門医資格が必須となる。

(6)　野生動物専門医制度の発足

　20 世紀終盤から、日本の獣医療分野でも、医療分野と同じように腫瘍、麻酔、眼科、歯科などの専門医制度が普通になりつつある（第 6 章）。これを受け、日本野生動物医学会理事会でも、学会認定専門医制度を計画し、2005 年、日本野生動物医学会内に、認定専門医（Diplomate of The Japanese College of Zoo and Wildlife Medicine：JCZWM）の制度が発足した。専門分野は動物園医学、水族医学、野生動物医学、鳥類医学および野生動物病理学・感染症学の 5 つが設けられた。

　私はこの制度創設者（ファウンダー）の 1 人として、当初から所定の審査を受審し、試験を受けることになっていた。しかし、相当な量の受験勉強を思うと憂鬱で、ついつい先延ばしにしたが、先ほど述べたように、WAMC で救護個体を受け入れることとなった事情から、受験をすることにした。

　認定専門医の試験は ① 書類審査、② 1 次試験（全専門分野の 5 択形式 40 問）、③ 2 次試験（希望専門分野の筆記）、④ 3 次試験（希望専門分野の実地面接）で、いずれの試験も合格基準は正解率 6 割であり、私にはシビアであった。しかし、多くの志願者の鬼門となっているのは、① 書類審査の専門誌筆頭公表論文 2 本（うち 1 本が日本野生動物医学会誌）である。野生動物医学は未知のモノゴトに

あふれている。これを既知にし（以上は図 2-1 を再度ご覧いただきたい）、野生動物医学に貢献するのも認定専門医の重要な役割の 1 つであるので、当然の資質でもある。そのようなことから、もし、将来、この資格を得たいとお考えの獣医大生は、まず、卒論内容をブラッシュアップし、筆頭著者で投稿を目指すことを推奨する。卒業してからでは、なかなか時間が取れないからだ。

この制度で最初に認定されたのは、国立環境研究所（以下、国環研）の大沼学研究員（2020 年現在、日本野生動物医学会長）で、私のゼミの教え子でもあった。私も負けじと、一所懸命に受験勉強し、無事、合格し、先に専門医となっていた彼から、2008 年の日本野生動物医学会年次大会で認定専門医証書を授与された。このような師弟逆転現象が起きるのも、野生動物医学が若いという証左にほかならない。ちなみに、これを機に、いっそう、国環研と WAMC との共同研究が促進された（第 3、4 章および第 5 章参照）。

2020 年現在、全国で 12 名が認定専門医の資格を有し、野生動物と園館動物の医療、保護管理および研究などに従事するとともに、野生動物医学教育、国際共同研究、国際的野生動物保全などで奔走している。なお、この認定専門医制度は、アジア保全医学会にも導入され、その認定医らが中心となり、2019 年、世界野生動物疾病学会 WDA にアジア・セクション創設を果たした（前述）。

3 野生動物に感染する

3.1 病原体と感染症

(1) 病原体というモノのいろいろ

　これまで執拗にモノとコトについて触れてきたので、本章でもまず、そこから始めたい。というのは、ときおり、病原体と感染症とが混同されてしまうことがあるからだ。たとえば、〈COVID-19 が感染する〉などと膾炙されるが、厳密には〈COVID-19 が発症する〉あるいは〈COVID-19 の病原コロナウイルスが感染する〉が適切である。本書「はじめに」で述べたように、新型コロナウイルス感染症は病気であり、コト（現象）である。一方、感染する主体はコロナウイルス、つまり、モノ（病原体）である。そして、このウイルスの場合、たとえ感染をしても、必ずしも症状を呈さず（発症せず）、知らない間に感染させてしまうのが悩ましいところである。ここで強調したいのは病原体がモノ、感染症がコトで、この 2 つはまったく異なるという事実の確認である。

　さて、感染症の病原体（モノ）であるが、① 生物の場合と、② 非生物の場合とに大別される。意外かもしれないが、ウイルスは後者 ② である。ほかに非生物なモノはアミロイド、タンパク質、体細胞、ウイロイドなどが知られる。アミロイド（繊維構造を持つ水に溶けない糖タンパク質）が餌に混入された場合、飼育チーターや鳥類などでアミロイド症の発生原因となる。プリオンタンパク質は BSE の原因物質であり、人への感染も知られる。これに関し、獣医師の自死についても前章で述べた。BSE と似た疾患で、シカの慢性消耗性疾患 CWD が知られ、肉骨粉使用不可など養鹿産業上、問題視される。体細胞は、本来、感染とは無関係な動物体を構成していたパーツであったが、これが感染するスタイルの感染症もある。たとえば、獣医学の教科書には、犬の可移植性性器肉腫という古典的な繁殖疾病があるが、今日、日本ではお目にかかることは

ない。一方、この細胞を病原体とするタイプの新興感染症として、現在、保全生態学面で、非常に問題視される疾病が、豪州産有袋類タスマニアデビルにおける顔面腫瘍である。この疾病は繁殖時の闘争や交尾行動などで生じた創傷部位に感染性の細胞が侵入することで発症する。ウイロイドは植物などに感染するウイルス様物質なので、こちらも詳細は割愛する。

(2) 病原体としての生き物

一方、① 生物で、感染症の病原体であるもの、あるいは、であろうものを含むのは、細菌、真菌および寄生虫が代表的である。細胞の性質上、細菌が原核細胞、ほか 2 者が真核細胞である。真核細胞形成に関し、細胞共生説が提唱されている。この説は嫌気性細菌に好気性細菌が寄り合い所帯的に共生して創生したとする考えである。生物進化の大きな局面で、その原動力が共生という感染の一側面であったことは、いかに〈感染〉という現象が普遍的であるのかを示す好例であろう。

全国の獣医大では、学生・教員対象に、細菌性の感染症である破傷風のワクチンをほぼ義務づけているほど、恐れられている（巻末「参考となる映画」の『震える舌』）。しかし、日常的に経験する細菌性感染症としては、ブドウ球菌などが皮膚創傷部に侵入、体内の免疫機能が発動し、好中球やリンパ球などが当該局所に集まり、この細菌を攻撃、その細菌たちの死骸が膿として生じた現象（化膿）を通じ知覚される。したがって、私たちは、細菌をもっとも身近な病原体としてとらえている。その影響から、通常の会話やニュース解説などでも、感染症の病原体を、つい〈○○菌〉と呼称することになる。現に、COVID-19の報道にあっても、その病原ウイルスが〈コロナ菌〉と呼ばれていたのを何度も耳にしたのではないか。前述のように、ウイルスは〈○○菌〉として区分されるモノではない。こういった不適切な呼称が定着すると、誤った治療法が選択される危険性がある。たとえば、ウイルス性の感染症を治療する薬物は抗ウイルス剤、一方、細菌性感染症では抗細菌剤があり、それぞれ病原体特有の増殖機序を抑える性質がある。とくに、後者では抗生物質が代表的である（一方、ウイルスに対しては無効）。

真核細胞の生物は単細胞性と多細胞性に分かれ、単細胞性生物が原生生物（原虫）である。今なお、熱帯地方で猛威を振るうマラリアの病原原虫はその 1 つ

である（第 4 章）。また、普段は水中や土壌などで自由生活をするアカントア
メーバには、人の眼球表面上のコンタクトレンズ着脱時などに生じた微細傷口
に侵入、眼病の原因になるものも知られる。さらに、クロレラ（緑藻類）と系統
的に近いプロテカは、最近、乳牛の乳房炎などの新興疾患の病原体として、
獣医療現場で注目されている。

　多細胞性生物には真菌、植物および動物がある。真菌はカビやキノコの仲間
だが、アスペルギルスやクリプトコックスなど感染症の病原体となるモノもあ
る（後述）。なお、細菌と真菌には、共通して〈菌〉がつき、紛らわしい。した
がって、病原体名称として表現する場合、〈○○真菌〉として表記したほうがよ
い。もちろん、抗真菌剤も抗ウイルス剤や抗細菌剤とは異なる性状である。

　動物は蠕虫（第 1 章）とダニやシラミなど節足動物に大別され、概して、前
者が体内寄生虫、後者が体外寄生虫となるが、原虫もまとめて寄生虫と称され
ることが一般的である。これらの寄生虫による疾病を治療する薬物には、抗原
虫剤、殺ダニ剤および抗蠕虫剤など、それぞれの生物学的特性に応じたもので
ある。当然、抗蠕虫剤には、系統が異なる線虫（第 1 章と第 4 章）と吸虫・条
虫（扁形動物）とは、それぞれ別の薬剤が開発されている。信じられないこと
に、某国大統領が COVID-19 の治療薬として抗マラリア剤の使用を推奨した。
当然、その直後、当該国の保健担当者がこれを否定する声明を出したが……。

　以上、病原体のあらましについてはご理解いただいたと思う。そして、感染
症であるが、① 病原体に加え、② 宿主（年齢、抵抗性、栄養状態など）および
③ 環境（中間宿主・媒介動物・保因者、気候、土壌など）の 3 者合作により発
生する。感染症の詳細は巻末・主著に譲る。なお、COVID-19 にともなって、
緊急出版したなかにはかなり怪しげな書物もあるので、著者の研究業績を確か
め（第 2 章）、良書を見つけてほしい。

(3)　紛らわしい生物毒産生者

　ところで、感染症と紛らわしい病気が生物毒（バイオトキシン）による中毒で
ある。とくに、病原毒素産生者が細菌、原虫および真菌である場合、混同され
てしまう場合もある。しかし、感染症と中毒とでは、治療・予防の方針がまっ
たく異なる。中毒の場合、たとえ産生生物を殺滅・除去しても、毒素が残余す
る限り疾病は継続する。それに、中毒物質の熱・乾燥などに対する抵抗力が産

出生物より強力である場合もめずらしくない。このように、治療と予防を完遂するには、まず、感染症と中毒との峻別が前提となる。生物毒を産生する細菌としては、ボツリヌス菌が代表的である。また、地球温暖化の影響で発生が増加した赤潮（淡水ではアオコ）には藍藻（細菌）や渦鞭毛虫・珪藻（原虫）が濃厚に生息するが、これら生物はドウモイ酸やオカダ酸など生物毒を生成する。これらが人・家畜や野生動物に経口的に摂取されると、中枢神経や肝臓に障害を与える。

さらに、ヒラメ刺身のクドア（動物）や馬刺の住肉胞子虫（原虫）は、人に下痢を起こすタンパク質成分を産生するので、これらによる下痢症を厚生労働省は食中毒と規定した。確かに、毒素が引き金になるので、中毒することは病因論的に的確である。が、同様にアニサキス症までも〈アニサキス食中毒〉とするのはいかがなものか。この疾病は寄生虫が、胃粘膜に刺入して起こる（第4章）。よしんば、かりにアニサキス幼虫体内に毒素（パラサイトトキシン）が包含され、虫を嚙み砕くことにより、放出され、腹痛のような症状を呈すなら、アニサキス食中毒ということもあろう。だが、そのような科学的証拠はない。法的管理上、食物喫食に由来し、消化器症状を主徴とする急性感染症までを〈食中毒〉とせざるをえない事情は理解しつつも、再検討願いたい。なお、このほかに宿主体内で毒素を産生する細菌（例：ウエルシュ菌のエンドトキシン）のような中毒と感染症の境界のようなものもあるが、話が込み入るので割愛する。

(4) 病原体とそれを扱うゼミ

獣医大の病態獣医学の大講座では、これら病原体を扱う専門のゼミが設置される（第2章）。たとえば、ウイルス学は重要なゼミである。一方、真菌学のゼミは少なく、多くの場合、細菌学のゼミが兼務する。寄生虫学のゼミは、所属する教員により、原虫系と蠕虫系に大別されることが多い。ダニやシラミなど外部寄生性の節足動物は、どちらかの研究者が並行して扱うことが多い。とりわけ、マダニや蚊はある種の血液原虫類の重要な媒介者となることから、原虫病の研究者がこれら節足動物も研究対象とすることが多い傾向がある。

一方、節足動物の扱いについて、鼠を含め衛生動物学という別分野に配される場合がある。医大では寄生虫学と合わせて医動物学 Medical Zoology と称される場合もある。しかし、獣医大でも、本学のように医動物学とするゼミはあ

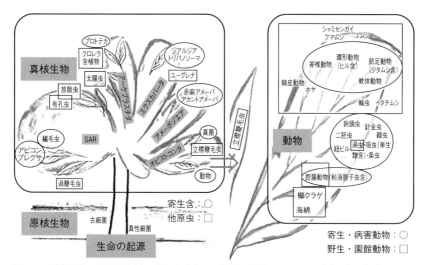

図 3-1　医動物学の対象範囲（角の取れた左右の四角□；浅川、2019 より改変；左図中〈エクスカバータ〉は、2020 年 12 月現在、〈メタモナダ〉と〈ディスコバ〉という 2 つのスーパーグループに分かれた。事程左様に、これからも変化をしていくだろう）

る。ただし、獣医学では、医学より病害動物の範囲が広く、また、コアカリ野生動物学の野生・園館動物も扱うので、本学の場合、英語名称は Parasitology and Zoology としている。

　この章と次章では、いろいろな生物名が出る。したがって、迷子にならないため、ここで原核生物（細菌）と真核生物（原虫と真菌・動物など）の系統関係を図 3-1 に示した。また、WAMC を含む私たちの医動物学ゼミが対峙する生物の範囲をその図の上に示した。

3.2　ウイルスによる疾病

(1)　DNA ウイルスによる野鳥の疾病

　私が筆頭あるいは責任著者となる公表論文は、寄生虫（病）学に帰属するので、それ以外について言及することは、〈おしゃべり袋〉の誹りを受けかねない。しかし、WAMC 運営を行うにあたり（第 2 章）、バイオリスク管理上、持ち込みの多い野鳥の感染症や病原体に関する情報を把握する必要性が生じた。とこ

70

図 3-2　マレック病の罹患マガン（左；2001 年 10 月、北海道宮島沼で発見された個体）とその内臓肉眼所見（右；上が感染個体の腫大した肝臓と腎臓、下は比較として同時期に事故死した個体のもの；Asakawa *et al.* 2013 より改変）

ろが、当時、その全貌を簡便に把握できる資料はなかった。研究者は、それぞれの限られた専門分野に特化（固執）せざるをえないので、そのような資料を刊行する余裕がないのだろう。そこで、私自身で関連情報を集め、次いで、欠落している部分では専門家と共同研究をして補った（第 4 章および第 5 章）。以下で、その概要を紹介したい。

　まず、病原体となるウイルスは DNA ウイルス（遺伝情報としてデオキシリボース・リン酸・塩基でつくられたデオキシリボ核酸を持つウイルス）と RNA ウイルス（同様にリボース・リン酸・塩基でつくられたリボ核酸を持つウイルス）に大別され、とくに前者は変異が少なく、たとえば、ワクチン開発面で、苦労しない。一方、インフルエンザウイルスやコロナウイルスは後者なので、たとえば、COIVID-19 制圧をワクチンだけに頼るのは危険である。さて、代表的な DNA ウイルスがヘルペスウイルス科であり、このウイルスによる疾病の 1 つがマレック病である。

　マガンのマレック病を見出したとき（第 2 章）、メーリング・リストで呼びかけて、中継地周辺地域や越冬地（第 5 章）でマガンやオオハクチョウなどを丹念に観察してもらったが、それ以上の斃死事例は未確認であった。ところで、ここまでお読みいただいて、寄生虫が専門の私が、なぜ、わかったのか疑問をお持ちの方もいらっしゃるだろう。確かに、そのときの私のマレック病に関するすべては、獣医師国家試験のときに御座なり的に齧っただけのものだった。しかし、この個体を解剖すると、非常にめだつ腫瘍病変が眼に飛び込んできた（図 3-2）。そこで、臓器を病理ゼミに持ち込み、組織診断でその疾病とわかった。

「ところで、（マレック病の特徴的な所見の1つである）坐骨神経の膨化は確認したのだろうな？」。その診断をした病理ゼミの教授から詰問されたのを今でも憶えている。もちろん（?）、見ていなかったが、私のような門外漢でも、おかしいと判断できたほど、とくに、肝臓と腎臓の病変は存在感があった。

犬からタヌキへの犬ジステンパーウイルス感染が知られるように、飼育動物から野生種への漏れ出るような感染事例（スピルオーバー）が知られる。あるいは、飼育動物に接種した生ワクチン由来の弱毒化ウイルスが野生種に感染することもある。それでは、このマガンにおけるマレック病の事例はどうであったのかは気になる。確かに、マガンは養鶏場近くで採餌をすることは十分考えられるが、その証拠はない。少なくとも、マレック病を専門にされる北海道大学の研究班と共同で行った国内外の疫学調査で、健康な野生ガン・カモ類を捕獲し（第5章）、マレック病ウイルスの保有状況を調べた結果、このウイルスを高率に保有していたことがわかった。すなわち、ウイルスは保有していても症状を出さない、不顕性感染が常態化しているようで、この点はあたかもCOVID-19と類似し、厄介であると予感した。

このほかのヘルペスウイルス病としては、日本産のハト類でハトヘルペスウイルス感染症による肝細胞核内に封入体と呼ばれる異常物質の集まった場所が報告されている。また、その他のDNAウイルスによる感染症としては、ポックスウイルス感染症が知られ、オジロワシ、ドバト、オオジュリン、スズメ、ハシブトガラスおよびハシボソガラスなどからウイルスが検出されている。このウイルス感染により、肉眼確認可能な皮膚の腫瘍病変が形成されるので、その発症記録は多数残されている。

(2)　RNA ウイルスによる野鳥の疾病

鳥類のRNAウイルス感染症としては、なんといっても、2004年の、日本の家禽におけるHPAI（第2章）の発生である。これを契機に、環境省が毎年冬に、全国各地に飛来する野生鳥類の糞分析を行い、高病原性を含む鳥インフルエンザウイルスの型別検出率の公表が行われるようになった。これまでにナベヅルやクマタカなどの野鳥約20種からHPAIウイルスが検出されている。WAMCでも大学院生が国環研と共同で鳥インフルエンザウイルスの動態分析を、2020年3月に博士論文にまとめたばかりである（第5章）。鳥インフルエンザウイル

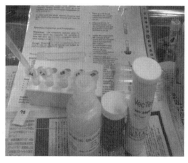
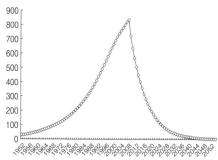

図3-3　国環研との共同研究で使用したWNV抗原キット（VECテスト；左）と北海道のタンチョウにWNVが感染した場合の個体群動態（右；大沼ら、2010より改変）

スの体系的な調査が実施されると、比較的系統が近い鳥パラミクソウイルスやニューカッスル病ウイルス（いずれも、家禽に深刻な健康被害を与える疾病の病原体）の侵淫状況調査もあわせて実施され、ドバトやカワウなどから当該ウイルスの遺伝子が検出されている。

　人への感染面では、フラビウイルス科のウエストナイル熱ウイルス（以下、WNV）が重要である。このウイルスは北米でホシムクドリなどが媒介し、人や馬などでも感染し致死例も報告されている。鳥類ではツル類での感受性が高く、保全生態学的にも注視されてきた。日本へのWNV侵入はまだ証明されていないが、WAMCが国環研および琉球大学と共同で行った北海道産カモ類の血液検査で、その抗体陽性が確認された。抗体とは、抗原、すなわちウイルス自体ではなく、感染により体内に生じた抵抗のためのモノである。つまり、これがあるということは、検査時にウイルスは死滅していたが、北海道に飛来する以前に感染していたことを示す。この結果から、WAMCではインフルエンザウイルス簡易検査とともに、WNV検出キットであるVECテスト（図3-3左）も搬入鳥類を対象に調べることがルーティンとなった。

　近い将来、すでにWNVが分布しているロシア沿海州から日本、とくに、北海道に生きた状態で入ってきて、さらに、そのとき、このウイルスを媒介する蚊（イナトミシオカなど）が活動している場合、定着してしまう危険性が高い。現在、カモ類が飛来する秋には、北海道では蚊が減少しているので、たとえ生きたウイルスが侵入しても、伝播のおそれはない。しかし、地球温暖化の進行は予断を許さない。かりに北海道にこのウイルスが定着した場合、たとえば、

図 3-4　米国ワシントン州産牧草ロールに混じっていたホシムクドリ死体 (北海道内の某馬牧場で発見された事例より)

国の天然記念物タンチョウは約 40 年以内に絶滅するとしたシミュレーション結果もあり (図 3-3 右)、公衆衛生のみならず、保全生態学的に注意を払う必要がある。

　以上のような自然の営みではなく、人為的な要因で WNV が入り込む危険性も指摘される。数年前、北海道庁から、米国ワシントン州産牧草ロールに混じっていた鳥類死体の同定依頼を受けたことがある。羽毛が完全に残されていたので、ホシムクドリと同定された (図 3-4)。この鳥は、英国から入植する際に持ち込まれ、北米で外来種化したが、今や、WNV の代表的な媒介者である。この鳥種の生態を鑑みると、牧草生産現場で紛れ込んだのではなく、流通過程で紛れ込んだのであろう。いずれにせよ、この事例では、幸い、ウイルスは検出されなかったが、今後もウイルス・フリーであり続けるとは限らない。

　その他の RNA ウイルスとしては、消化器疾患の原因となるロタウイルスの抗体 (前述) が、ドバトやカワウで検出されている。以上は、私の情報入手能力に限界があり、見落としの危険性もあるが、たんに調査が進んでいないこともある。研究にはコストがかかるので、コストをかけても行う価値がその研究に見出されない場合、放置される。図 2-1 の矢印は、まんべんなく存在するわけではない。科学は進歩するという言があるが、正しくは、進歩しやすいモノゴトが進歩するだけである。野鳥に潜むだろう多様なウイルスを、新興・再興感染症の有無というバイアスにとらわれず、飽くなき探求心を持ち合わせて調べる者が現出しない限り、永遠に未知のままである。

(3)　野生哺乳類のウイルス疫学

　ある種の動物の病原体保有状況 (あるいは侵淫状況) の体系的な調査は、予防

74

の要であり、感染症疫学の主体となる。WAMC のおもな役割も、野生動物を対象にした感染症疫学研究である（本書「はじめに」および第 2 章）。とくに、WAMC 設立直後、環境省主管の外来生物法が施行され、同省モデル事業も請け負い、アライグマ搬入がめざましかった。担当院生も在籍していたことから（後述）、年間約 800 頭が搬入された。また、その直前には SARS（第 2 章）が中国や台湾などで発生した。さらに、時を置かず同じくコロナウイルスの感染が原因となる中東呼吸器症候群（以下、MERS）も発生した。

　以上を背景に、2005 年、WAMC に数多搬入されるアライグマの糞便と鼻汁、74 個体分について動物衛生研究所北海道支所・菅野徹博士の研究班と共同でコロナウイルス保有状況の調査を行った。方法はこのウイルスの pol 1b 遺伝子領域部分を PCR 法で増殖し、検査をするものであった。その結果、9 個体（12%）でコロナウイルスの遺伝子が認められた。また、このウイルスは牛や犬ですでに報告されている下痢などを惹起する原因ウイルスに近いこともわかった。本来、コロナウイルスは人の風邪や家畜の軽度な肺炎・消化器病の病原体が複数知られていた。そのため、1980 年代の獣医師国家試験対策で培った記憶にのみ依拠していた私は、コロナウイルスは C 級の病原体と見なしていた。

　しかし、COVID-19 の余波でこの論文が何度も引用されていたことを知った。論文とは著者の思惑に関係せず一人歩きするものと実感した。そして、菅野博士が、この研究の論文を刊行されるにあたり、その意義と今後について、とても熱を込めてお話しくださったのだけは憶えていたのだが、その後、連絡が途絶えたままだった。以上のようなことから、菅野博士のことが急に気になったのだが、つい先日、その論文が出た後、亡くなっていたということを知った。もし、彼が生存され、COVID-19 の状態をご覧になったらどのように思われただろう。冥福を祈りたい。

　琉球大学（前述）との WNV の疫学（前述）では、ニホンジカ（亜種ホンシュウジカ）を対象に、同じフラビウイルスの仲間である日本脳炎ウイルス保有状況についても調査した。また、本学ウイルス学ゼミとはニホンザルのボルナウイルス（人を含む哺乳類と一部の鳥類で中枢神経症状を呈する疾患の病原体）、ハクビシンとニホンジカ（亜種エゾシカ）の E 型肝炎ウイルスも調べた。以上、すべてから陽性結果を得て、論文刊行された。なお、少なくとも、刊行されるのは陽性結果だけで、陰性結果は公表されないことが多々ある。疫学情報には、

何個体を調べて 0（不在）というネガティブ・データも重要であるが、論文としては成立しにくい。このように、結果公表にはバイアスが存在することも念頭に置きたい。

3.3　細菌・真菌による疾病

(1)　サルモネラ症とブドウ球菌症

　鳥類の体温は多くの哺乳類と比較して 5℃ 以上高いので、細菌感染はしにくいと信じられているが、野鳥の細菌症はめずらしくはなく、ときに、大量死の原因になる。たとえば、2005 年から翌年、北海道旭川市内の民家庭先などで多数のスズメの死体が発見され、大きな社会問題となった。当時、北海道庁と北海道大学獣医病理学（以下、北大）のゼミ・本学の WAMC との間では、野鳥大量死があった場合、陸鳥は北大、水鳥は本学とする取り決めがあった。前述したマレック病を、本学が水鳥であるマガンから見つけた〈実績〉で（前述）、それまで北大 1 本であったものを分散するようにしたようだ。たとえば、このスズメの直前、知床半島沿岸に大量に漂着した C 重油が付着した海鳥類も当方に送られた（後述：図 3–15）。

　したがって、陸鳥のスズメは北大が剖検し、けっきょく、融雪剤による塩中毒と結論づけた。確かに、欧米では融雪剤として岩塩を用いており、それを野鳥が砂嚢内の咀嚼用小石（グリット；第 4 章）として誤って摂り込み、塩中毒が発生するので、古くから知られていた。でも、「日本ではめずらしいね」程度しか記憶になかった。

　これで、スズメの大量死は一件落着となり、旭川市民から死体を集め、冷凍保存していた道庁の出先機関・上川総合振興局（当時、上川支庁）は、これを廃棄することにした。しかし、私の知り合いの道庁職員が気を利かせ、「スズメの死体を捨てることにしたけど、お宅の大学で博物館の学芸員課程実習をしていると聞いたので、その材料として使用しないかい？」と打診いただいた。日ごろの〈営業〉の賜物であるので、ありがたく受けとることにした。が、これがどうまちがったのか、WAMC がスズメの大量死の死因解析に参入するとの誤解をマスコミに生んでしまったようだ。

76

図 3-5　旭川市内バードテーブル付近で死体が発見されたスズメ（左；道庁からの一部送付材料）
と嗉嚢膿瘍（右）

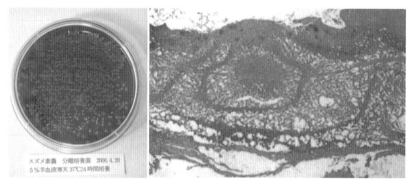

図 3-6　旭川市のスズメ嗉嚢膿瘍の培養により得られたブドウ球菌コロニー（左）と嗉嚢病変の病理
組織像（右）

　マスコミによる〈社会的圧迫〉により、道庁と北大が協議し、本学獣医学部が
融雪剤中毒説補強のための検査を行うこととなった。本学では私が窓口となり、
病理学・細菌学・毒性学の各ゼミにお願いし、また、当時、WAMC と WNV
の共同研究をしていた国環研にはウイルスの分子解析をお願いした。かなり変
性した死体ばかりであったが（図 3-5 左）、全個体で嗉嚢炎と同部の乾酪化した
膿の貯留が認められた（図 3-5 右と図 3-6 右）。細菌ゼミが膿の培養でブドウ球
菌がほぼ純粋培養の状態で分離されたことから（図 3-6 左）、融雪剤中毒などに
より体力低下が生じ、細菌の日和見感染が生じたとした。
　しかし、北海道登別で見つかった個体を独自に調べた麻布大学が *Salmonella*

図 3-7　ロンドン動物園病理解剖室に送付された英国各地の野鳥死体（左）、その剖検の様子（中央）とサルモネラ症病変が認められた嗉嚢内容物（右）

図 3-8　WAMC に搬入されたオオハクチョウの趾瘤症

Typhimurium DT40 感染を確認し、かつ WAMC で保管された個体も調べたところ、同様に同菌が検出され、大量死はサルモネラ症によるものと結論した。欧米都市部では、この感染症によるグリーンフィンチ（日本のカワラヒワの近縁種）やイエスズメなどの大量死が起きている。北海道の事案に先立つ約 5 年前、野生動物医学専門職修士大学院留学中のロンドン動物園で（第 2 章）、同園専属の病理担当の獣医師が英国各地の野鳥を剖検し、私を含む院生にも嗉嚢病変を検査させていた（図 3-7 左と中央）。その病変の中心はチーズのような膿瘍（乾酪化という）であったので（図 3-7 右）、麻布大のサルモネラ説には納得した。

　死体が見つかった場所は、野鳥用餌台周辺であったと目されたことから、件の大量死はサルモネラ菌に汚染された餌による感染と解されている。野鳥のためよかれと考え用意されたが、逆に、大量死を招いてしまったとしたらなんと

皮肉なことであろう。

　ところで、細菌ゼミがブドウ球菌の検出もしているので、サルモネラ菌との混合感染も示唆されよう。この細菌は常在的なものであり、鳥類では趾瘤症（図3-8）の原因になるとされる。この細菌と同属 *Staphylococcus epidermidis* が希少種ライチョウの皮膚潰瘍病変から検出されている。

(2)　クロストリジウム症と大腸菌症

　温暖化の影響なのか、ハシブトガラスおよびハシボソガラスなどのウエルシュ菌 *Clostridium perfringens* による出血性腸炎の致死症例が、最近、増加傾向にある（後述）。一方、また、シアノホスなど有機リン系殺虫剤を混ぜた毒餌設置により、殺傷される事例もあり、WAMC への鑑定依頼も増えた。なお、このような殺戮は、違法の場合もあるので、いくら不快であっても勝手に殺すようなことは避けたい。

　もし、生きた状態で搬入された場合、ウエルシュ菌による出血性腸炎と薬物中毒とは類似の症状を示すので鑑別が必須である。これを類症鑑別というが、野生動物では、情報が限られているのでむずかしい。飼育動物では、当然ながら、年齢、日々与える餌、飼育環境、病歴・投薬歴など、鑑別・診断に必要な情報が得られるが、野生動物では年齢・性別すらむずかしいからだ。どうしても、死亡個体を剖検して病理診断に頼ることが多い。しかし、とくに、気温が高いと死体の腐敗が進行し、正しい診断がむずかしい。ひょっとしたら、致死には至らない軽度の腸炎が先行し、薬物中毒で止めを刺されたかもしれない。いずれにしても、後述のように、死因特定には限界があることも理解してほしい（獣医師はオールマイティではない）。

　ウエルシュ菌の同属には気腫疽の病原体もあり、ときに、人に致死的な感染症である。この疾病の症状が皮下組織にガスを生ずる（気腫）。ところで、ペリカンの仲間は魚を捕獲する際、水面に胸を打ちつけて、一網打尽にする生態がある。そのため、胸の皮下には衝撃を吸収する組織が発達している。したがって、剖検で誤って気腫疽と誤診することがある。このように、鳥類の医療を完遂するためには、各鳥類の生態・生理・形態の情報が必須となる。

　さて、人や家畜における近年の大腸菌症の多発を受け、野鳥もその媒介者の1つとして注目、疫学調査の対象とされつつある。この細菌は、ご存じのよう

に、かつては人の食中毒原因菌（毒素産生；生物毒は前述参照）と目されていた。これに加え、腸管粘膜に細菌が感染（侵入）し、局所炎症や血便を主徴とする新興感染症の一面もある。しかし、これまでのところ、身近な野鳥がその主要な媒介者である証拠は見つかっていない。

(3)　その他の細菌症

抗酸菌 *Mycobacterium genavense*（結核菌などの仲間）の集団感染が、つい最近、ウスユキバトで発生し、これを飼育していた人への感染もあった。また、オウム病クラミジアも公衆衛生上の問題となるため、COVID-19 ですっかりおなじみになった PCR 法（合成酵素連鎖反応法；特定の DNA 断片を大量に増やす手法）を応用した糞便内クラミジア検出の系が一般化している。その結果、ハト類、ヒヨドリ、フクロウなどで、次々と病原クラミジア *Chlamydophila psittaci* が見つかっている。なお、クラミジアに関連しては、広島市安佐動物公園から国の天然記念物・岩国の白蛇（アオダイショウのアルビノ個体群）の大量死について検査依頼を受けたことがある。けっきょく、偽膜性腸炎が死因の主要な部分を構成し、加えて、病理組織内に寄生線虫とクラミジアが見出された。これは本学人獣共通感染症ゼミおよび病理ゼミと共同研究の結果であった。私だけでは、線虫感染に眼が行ってしまい、専門外のクラミジアは見逃していたはずだ。感染症ではめだつ病原体という理由だけで、それに原因を求める早合点は避けたい。

文献的には、これまで述べた以外の細菌としてビブリオ菌類 *Vibrio cholerae* および *V. parahaemolyticus*、カンピロバクター類 *Campylobacter jejuni* および *C. coli*、ヘリコバクター属 *Helicobacter* のある種、放線菌類 *Actinomyces* 属のある複数種などが検出されているという。

最後に人への感染リスク面から哺乳類の事例を付記したい。本学細菌ゼミとアライグマや同じく外来種のヌートリアのレプトスピラ菌を調べ、汚染地域の牛・犬程度をやや超える感染率を確認した。この細菌は人に経皮、経粘膜および経結膜感染し、レプトスピラ症という厄介な疾病を起こすので、外来種対策の担当者やこういった動物を直接扱う農家・学生諸君は、ゴム手袋やゴーグルを装着するなど、十分に、注意をしてほしい。

（4） 真菌症

　HPAI 発生後、家畜保健衛生所（家畜の保健所のような機関）が、本来業務として数多の野鳥の病性鑑定をするようになり、野鳥では未報告の病原体やその感染症例が発見されるようになった。正しくは、感染症を懸念しての剖検例が増えた——本来は見逃されものが見つかる機会が増えたと解したほうがよい場合もある。そのような事例の 1 つが真菌性疾患（真菌症）で、病変がグロテスクだからだ（図 3-9）。吸い込まれた病原真菌は、気嚢（第 4 章）を通じ骨内を含む体内のほぼすべての場所に病変を形成する。真菌症で斃死した鳥類を開腹したとたん、〈煙〉が立ち上るが、これは胞子で、体調が優れない者が吸引すると、この真菌が日和見感染する。真菌病変の記録はペンギン類、ワシ類およびツル類におけるものが多く、先ほどの〈煙〉も某水族館の飼育ペンギン類であった。剖検をした獣医師が、思い切り吸い込み、肺炎になったということであった。ただ、真菌の種レベルまで同定された報告は少なく、〈アスペルギルス様真菌の増殖〉などでとどまっている。

　鳥類の呼吸器系に感染するものとしては、このほか、公園や駅などで餌をねだるドバトの排泄物中にはクリプトコックス真菌がある。この真菌はドバトに感染しても無症状だが、人に感染すると肺炎になるばかりか、免疫機能が落ちている場合、脳炎にもなるので要注意なのである。当然ながら、公園でドバトに餌を撒いて、自身のまわりに集めて悦に浸る行為も危険が潜む。なお、私は第 1 章で紹介したように、野鼠を研究材料にしていたが、北海道内で採集した

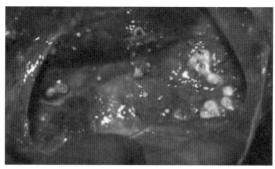

図 3-9　鉛中毒で WAMC に入院後、斃死したオオハクチョウのアスペルギルス症病変

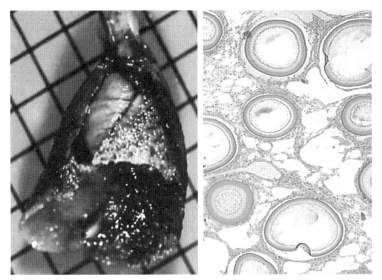

図 3-10　野鼠肺の真菌病アディアスピロミコーシス肉眼所見（左）と組織所見（右）（浅川、2016 より改変）

ヒメネズミは、その肺が鱈子のような粒粒感（図 3-10 左）と硬結感を呈していた。病理組織スライドを作製して観察した結果、真菌症アディアスピロミコーシスと診断された（図 3-10 右）。少なくとも、捕獲調査で得られたのだから、野外で普通に生活をしていたはずだ。しかし、肺の大部分は、真菌病変に置き換わったので、機能停止をしたはずだから、わずかに残余した肺胞で呼吸を継続していたのであろう。なんとたくましいことか。たった 1 枚の病理組織スライドであったが、そのようなことを思い描かせた。

　しかし、なんといっても、真菌症は人の足の裏にできる水虫のように、皮膚の病気をイメージするだろう。実際、犬の獣医療でも、マラセチア症のような真菌性感染症は重要な皮膚疾患である。私が経験した疾患でも、人工繁殖したウミガメ類の皮膚に生じた病変は、日和見的な真菌症と診断された（図 3-11）。真菌同定は医学の真菌症専門の研究機関と共同で行った（図 3-12）。前述のように、真菌がやや手薄な獣医学としては、医学との連携が欠かせない好例ともなった。

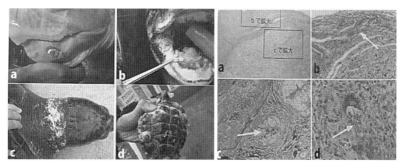

図3-11　アカウミガメ体表の真菌症病変の肉眼所見（左）と組織所見（右；篠田ら、2012より改変）

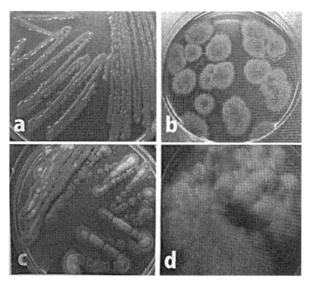

図3-12　アカウミガメの真菌症病変から得られた材料を培養後、得られた真菌4種のコロニー（篠田ら、2012より改変）

3.4 野生動物の死因はなにか

(1)　法医学的なアプローチの必要性

　サルモネラ症やクロストリジウム症の項で述べたように、WAMCが〈野生傷病鳥獣受診動物病院〉に指定され（第2章）、野生動物の死体や弱った生体が運

ばれてくるにつれ、救命目的からしだいに、死傷原因も問われる依頼が増えた。突如、人の居住域に野鳥の死体が現出したら、〈謎の感染症による大量死？〉と社会不安が生ずるのは理解できる。だが、死因解析は病理ゼミの仕事である。ところが、野外で見つかる死体の多くは、死後かなりの時間が経過していたり、ほかの動物が食べかけていたりと変性・変形している。場合によっては、死体の一部であったり、内臓がイカの塩辛のようにドロドロに溶けていたり、ミイラ状になった死体も WAMC に搬入された。

　このような変性著しい死体は、獣医病理学で対象外である。実際、スズメの大量死の案件でも（前述）、最初に北大に持ち込まれた死体は変性していたため、受け取り拒否をした。しかし、こういった変性死体を対象にした死因追求は（医学の）法医学の仕事で、獣医学では欧米で、法獣医学として確立されている。一方、日本では研究会はあるものの大きく立ち遅れている。野生動物の話とは少々乖離するが、2020 年、動物愛護法は厳格化され、そのために、飼育動物（法律的に〈愛護動物〉）への虐待が認められた場合、獣医師は報告の義務が生じた。もちろん、それが事件として立証されるためには、法獣医学が必須である。以下では、野生動物の感染症と直接／間接的に関わりを持つ事案を非人為と人為的死因に分け紹介する。

(2)　非人為的死因と感染症

　野生動物の死は、自然生態系ではごく普通の現象である。たとえば、火山ガスを吸引した急性中毒、異常乾燥による水分摂取の欠乏、急激な気温の変化などの非生物学的要因がある。生物学的要因の捕食-被食関係および宿主-寄生体関係では、一方の動物の死あるいは不健康状態を前提にしている。とくに、寄生体（病原体）が在来種で本来の生物相（フローラ／ファウナ）あるいは自然生態系の群集の 1 つであれば（第 1 章）、その感染症も自然現象と解される。

　しかし、これは理論上のコトであり、現在のように地球レベルで人為的影響が強大になってしまった現状では、たとえ在来種どうしの宿主-寄生体関係で生じた感染症であっても、その拡大に人為的要因を完全に排するのは困難である。某国の農政トップにある政府高官が、豚熱（豚コレラ）のことは神様しかわからない（自分には責任はない）と公言し、顰蹙をかったことがあった。もし、この感染症が純粋に自然界の一現象ならば、不可知論と切り捨ててよい。しかし、

このウイルスを伝播するイノシシ個体群の急増が、人口減による過疎化、農業構造の急変、人為的環境改変、ゴミへの依拠などで生じた点をお忘れになっている。これらは、いずれも人為的要因であり、当然ながら、行政が主導して対処すべき問題が多い。

(3) 人為的死因と感染症

　まず、みなさんは、人類社会が数多くの野生動物の死の上に存続していることを知るべきである。たとえば、狩猟・有害捕獲（駆除）など合法的殺戮、密猟・密輸など非合法的行為、バード・ストライクなど交通事故（図 3-13）、建造物との衝突、外来種による捕殺や餌・生息場の奪取にともなう生存率低減などがある。また、農薬・融雪剤などの中毒（前述）なども、一般の方が理解するのはたやすい。恒常的な生活の場から離れた場所であっても、鉛中毒（図 3-14；第

図 3-13　交通事故にあった哺乳類の WAMC 搬入事例
本学バス停（写真右端のサイロ状のもの）前でタクシーに衝突したニホンジカ（左）とその搬入時の様子（中央）、本学構内で発見されたキタリス轢死体（右）

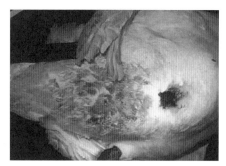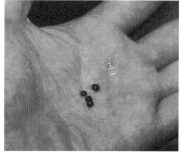

図 3-14　オオハクチョウの鉛散弾取り込みによる鉛中毒死
　左：総排泄腔周辺部に付着した緑色便、右：同個体筋胃から取り出された散弾

図3-15　2006 年 3 月、知床半島沿岸に漂着した C 重油が付着した海鳥

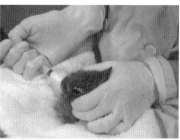

図 3-16　食生産現場での事故例
左：道北のタラ漁網（刺網）に混獲されたハシブトウミガラス、右：草刈り作業でユキウサギ母獣が死亡、残された幼獣を WAMC で人工授乳

4 章）や重油汚染（図 3-15）などは衝撃的な映像とともに報道されている。

　しかし、農業・水産業など食生産、清潔な水・電力供給などにより生ずる非意図的殺傷を、一般の人々が把握するにはハードルが高い。たとえば、刺網（図3-16 左）や延縄漁では数多の海鳥が混獲されるが、これを皆無にすることは不可能である。したがって、食用の海産魚を廃棄することは、漁獲過程で死亡した鳥類の命も捨てることになる。なので、海産魚はむだなく食べよう。陸生の動物では牧草収穫時、シマアオジなど草原性鳥類の卵や雛を巻き込み、幼獣を守ろうとしたユキウサギ母獣の首を切断し（図 3-16 右）、浄水場貯水池ではイワツバメに造巣用の泥が異常に付着しもがき苦しみ（図 3-17）、風力発電用風

図 3-17　某県浄水場貯水池で発見された約 200 個体のイワツバメ（左；黒い点）と WAMC 搬入の一部個体（右）

図 3-18　電力供給源に関わる事故死
左：風力発電用風車に衝突したオジロワシ（体幹切断）、右：本学キャンパス内で発見された送電線を嚙み感電死したハシブトガラス

図 3-19　ゴミ処理場内に設置されたカラス捕獲用トラップ

車は猛禽類の体幹を切断（図 3-18 左）、カラス類も感電死する（図 3-18 右）。以上はいずれも WAMC で経験した事例だが、国外では鎮痛剤ジクロフェナクが蓄積した家畜死体を食べたハゲワシ類が大量死している等々、人の暮らしは野生動物の死の上に築かれる。

　さて、これら数多の死には、間接的に感染症も関わる。生ワクチンや餌台におけるウイルス・細菌感染については、本章前半で述べた。外来種が外来病原体を持ち込み在来種に感染させていることは、容易に想像できよう。その実態調査と予防のため、病原体保有状況の調査が必須となる。まさに、このような調査のため、WAMC は設立されたのだ。

　このようなケースもある。カラス類を有害捕獲する際、誘因物としてシカの残滓が使用されるが（図 3-19）、腐敗していたため、捕獲されたカラス類がウエルシュ菌症を発症してそのなかで斃死した事例もあった。さらに、鉛や重油が体内に取り込まれると、免疫機能が低下し、入院・リハビリ中に真菌の日和見感染が起き、斃死することがあることは前述したとおりである。

4 鳥類と寄生虫

4.1 鳥独特の寄生虫病

(1) 野鳥死体を送る前は、一言お願いします

　私の根源的興味は寄生虫（モノ）と、その生物地理（コト）であった（第1章）。また、この研究のために、宿主モデルを選ぶ際、地史とは無関係に、海を易々と越えてしまう鳥類は早々に非対象としたが、そのようなわがままなことをいってはいられなくなった（第2章および第3章）。ところで、野生動物と獣医療との関係はなにかの質問に対する一般の回答は、ほぼ確実に救護と返ってくる（第6章）。野生動物を助ける獣医さんというステレオ・タイプは、それほどまでに強固な物語性を示す。さらに、そのような救護個体として動物病院に搬入される大部分が野鳥である。

　そうなれば、獣医大の野生動物学と銘打つならば、まず、鳥類の研究・教育を最優先で開始しなければならない（第3章）。私はそう信じた。研究分野が寄生虫学および寄生虫病学なので、私はゼミ生と一緒に野鳥の死体から虫出しに励んだ。幸い、野生動物生態研究会（前述）や園館・エキゾ・鳥専門獣医師を目指すゼミ生が大きな戦力となり、寝食を忘れ作業をしてくれたおかげで、多くが公表された。筆頭は彼らゼミ生なので、彼らの未来にとってもプラスになる。もちろん、当方（教員）も最後に連絡著者（責任著者）として名を連ね業績となる。研究費申請でもプラス、まさに win-win だ。肝心なのは宿主材料の死体である。探鳥や自然関係の雑誌に、「死体求めます」の広告を出した。某大手航空会社の機内誌にも掲載してもらった。さすがに、これは大学に（飛行機には）縁起が悪いというクレームがあった。

　もちろん、送っていただく方に送料を負担していただくわけにはいかない。当方で負担したが、公費なので事前にメールでご連絡いただくことは広告でう

たっていた。しかし、いきなり送られることも多い。予算執行が不可能な年度
末（3 月中旬から 31 日まで）に送付される方も多く苦慮した。私が不在時に送
られた場合、受け取れない場合もあった。私宛の荷物からは蠅が出てきたとい
ううわさ以降、危険物扱いになった。いや、ほんとうに、危険なものもある。
外来種やエキゾの哺乳類も集めているので、ときどき、ハリネズミ類も届く。
これが、スーパーマーケットでもらう（つい最近、有料化したが）白いレジ袋に
保存されていたことがあった。中身がわからないまま持ち上げようとしたら、
親指をしたたかに刺された。数日間、痛むので注意しよう。生きたままのカミ
ツキガメ（あるいはワニガメかな？）が送られたこともあったが、放置された箱
から脱走しており、青くなった。それに……。

　限がない。話を戻そう。少々前置きが長くなったが、本章も鳥類を宿主とす
る病原体のケーススタディ中心となるが、いろいろな意味で、私にとって、い
ずれも愛すべき寄生虫たちである。いろいろなクネクネに出会うという私の獣
医大進学動機が、図らずも、野生動物学の担当で鳥類を扱うことにより成就し
たのは、皮肉というかなんというか……。

　そして、本書読者は野生動物医学分野に関心を示しておられると思う。よっ
て、私が出会ったすべての寄生虫を紹介されても辟易するだけなので、可能な
限り絞りたい。まず、前半は鳥類独特の生理・行動、すなわち、飛翔適応のた
めに特化した栄養摂取と呼吸様式を利用する寄生虫（病）を取り上げる。後半
は、寄生虫グループ（原虫、蠕虫および節足動物）ごとに、公衆／動物衛生に重
要な事例をあげる。

（2）　栄養摂取に関わる疾病

　鳥類に寄生する蠕虫は、概して、爬虫類・哺乳類の寄生虫と比べ、宿主の形
態・機能（至近要因）と生態・進化（究極要因）双方に、より深く反映している
ように見える。おそらく、鳥類が飛翔するからだろう。まず、鳥類は飛翔に特
化したため、体を構成する重いパーツを体幹の 1 カ所に集中させた。陸上で生
活する動物の場合、駆動力を生み出すパート、要するにエンジンに相当する部
分は、前駆帯と後駆帯に分かれている。さらに、咀嚼するための咬筋やそれが
付着する下顎骨、そして歯が頭部に存在する。すなわち、重いパーツが手足頭
の 3 カ所に分散するのだ。しかし、飛翔というきわめて洗練された運動を生み

90

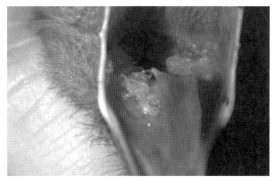

図 4-1　鳥類口腔に *Dispharynx* 属（アクアリア科）線虫のある種
が寄生する様子（ヒヨドリ幼鳥；吉野智生博士撮影）

出すためには、重量パーツを体幹中央に統合しないとならない。

　たとえば、咀嚼機能を胸部付近の砂嚢という胃の一部に委譲、一方、頭部で
は歯を失い、咬筋とその付着部骨格も貧弱化、これらが頭部の軽量化につながっ
た。その結果、口はたんなる餌を飲み下すだけの入口となり、たとえば、線虫
が安住可能な寄生部位を提供したようだ（図 4-1）。もし、この写真のような状
態が、哺乳類の口腔内で起きれば、寄生虫は柔軟で筋肉質に富む舌で取り除か
れ、また、歯で嚙み砕かれたはずだ。

　このみごとな写真（図 4-1）は、吉野智生博士（獣医学）が撮影したものであっ
た。彼も野生動物生態研究会（前述）出身ゼミ生の 1 人で、彼が学部・大学院
生時代は、WAMC の第 1 世代のゼミ生を牽引し、多くの報告書を世に出した
（巻末・参考文献）。大学院修了後、環境省任期職員として、鳥類感染症対策を
中心業務として、その任期満了を機に、釧路市動物園のタンチョウ担当の学芸
員として活躍する正真正銘の鳥人間である。なので、この写真（図 4-1）のよう
な得がたいシーンは、偶然に入手されたのではないのがおわかりいただけよう。
たゆまない研鑽を続ける吉野博士のような人間が存在してこそ、初めて見出さ
れるのだ。なお、この写真は傷病救護の説明でも再度用いるので、頭の片隅に
置いてほしい（第 6 章）。

　一方、歯の代わりに定期的に供給される小石（グリット：第 3 章の鉛中毒や
塩中毒の部分も参照）と強大な圧縮運動とが存在する砂嚢内腔は、寄生虫の安
住の地とは思えない。そのために、たとえば、*Eustrongylides* 属線虫は、砂嚢
内腔を被う硬化ゴムのような膜を突き破り、分厚い筋層を突き抜け、胃の外側

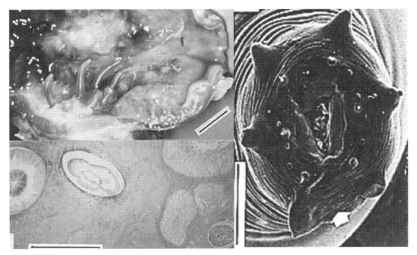

図 4-2　カイツブリ砂嚢における *Eustrongylides* 属線虫の穿孔性胃炎病理像（左上下）と同虫体頭部（右）（Murata *et al.* 1997 より改変）

（漿膜面）まで出たら、そこでターンして胃内腔に頭を出す（図 4-2 左）。砂嚢の分厚い筋層を突き抜ける力がどれほどかを確かめたいのなら、砂肝の焼鳥を賞味すれば容易である。この〈難関工事〉を担うため、頭端には強力な 6 つの突起物が備わる（図 4-2 右）。この走査電子顕微鏡写真を撮影したのは、チェコ共和国の研究者で野鼠の寄生虫も専門にしていた。第 1 章の研究で培ったネットワークからこのような共同研究に発展したのだ。この研究者のみならず、野鼠の寄生虫研究で形成された人間関係は、それ以外の動物の調査研究でも後押しをした。野生動物医学研究も同じで、人嫌いではむずかしいだろう。

(3)　中間宿主を操作する寄生虫

　本題に戻ろう。鳥類は、昆虫幼虫のような少量で高栄養の餌を摂り、老廃物を少なくする。このようにして、体重を軽くする。当然、これは飛翔には不可欠な性質である。寄生虫のほうも、この事実をよく〈知って〉いるようだ。たとえば、*Leucochloridium* 属吸虫がオカモノアラガイ触角に幼虫を充満し、餌となる昆虫幼虫に擬態する。野生動物生態研究会の卒業生が、北海道道東地方の草原で採集した標本を送ってくれ、その幼虫の解説書を作成したのも（図 4-3）、偶然、この研究会出身のゼミ生であった。

92

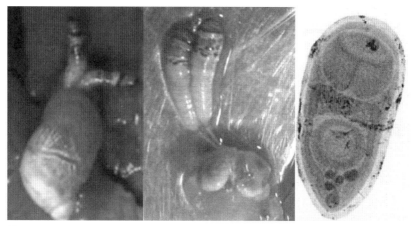

図 4-3　*Leucochloridium* 属吸虫幼虫を充満したオカモノアラガイ触角（左）、その袋の状態（中央；スポロシスト）およびその幼虫（右）

　野生動物を主眼とする学生サークルは、ほぼすべての獣医大にある。こういったサークルのメンバーには、幼少時より自然に親しんできた学生もおり、眼が肥えている。だが、私が注目するのは、まっさらな状態で入部して、徐々に経験値を高めていく過程である。学生間の自主的な学びの仕組みが、普段の学業に応用できないものだろうか。

　なお、*Leucochloridium* 属吸虫は鳥類のグループごとに特異的な種が存在するなど興味深い知見が、旭川医科大学の研究者により明らかになりつつある。彼らには WAMC で集めた標本も調べていただいている。このご縁で、一部ゼミ生の研究マインドに火がつき、そのお世話もしていただいた。私 1 人の力では限界があり、道内にこのような専門家がいてくださるのはたいへん心強い。

　Leucochloridium 属は中間宿主の形態を変化させた好例であったが、なかには行動を操作する例がある。*Diplostomum* 属吸虫は、メタセルカリアという幼虫が淡水魚の眼球表面に寄生し、角膜炎や白内障などを惹起する。そうなると、魚は明るさを求め、より水面に接近し、そこをサギ類が捕食する。そして、サギ類の腸のなかで成虫となる。また、トキソプラズマ原虫は、鼠の大脳にそのシストが寄生し、そこで器質的な変化を生じ、鼠の警戒心を低減させる。そして、「大胆」になった鼠は、有性生殖の場となる猫に捕食される。たかが寄生虫、されど、寄生虫なのである。

Diplostomum 属吸虫はサギ類の寄生虫であるが、獣医学教育でも獣医師国家試験でも問われるほど、重要視される。ただし、サギ類の健康を案じ、寄生虫病学で問われるのではなく、魚病学という分野で扱われる。そう、獣医大では魚類の病気も学ばないとならない。魚病学は獣医学課程が6年制（第1章）となり導入された科目であり、ブリ、ウナギ、フグなどのような養殖魚の疾病を扱う。ウイルス、細菌、真菌のほか、寄生虫が病原体となる感染症予防が中心となっていたが、最近は、観賞魚の麻酔や手術など臨床分野も強化されつつある。前世紀末から欧米では、日本産のニシキゴイが愛玩動物として人気を博し、その専門の獣医師も存在するほどだ。WAMC の場合、水族館からの寄生虫病診断の依頼が多く、異次元の宿主−寄生体関係を相手に、日々格闘している。水族疾病の分野は、本来、水産学の分野であり、獣医学では発展途上である。魚病学の未来のためには、今後、両分野のよりいっそうの協働が望まれる。

(4) 鳥に蟯虫はいない

ダチョウやエミューなどの走鳥類は草を大量に摂取し、大量の糞をする。無尽蔵にある草を餌資源として利用するのは、霊長類、齧歯類、兎類、馬類など哺乳類とリクガメ類と一部イグアナ類など爬虫類も同様である。これら哺乳類・爬虫類と走鳥類とが共通するのは、自身の体重が重くなることを心配しないことだろう。

ところで、これら走鳥類は日本各地で飼育されている。北海道ですら、アフリカ・オーストラリア原産のダチョウ・エミューを特用家禽（前述）として飼育している。これら鳥類は飼料効率、すなわち、摂食された餌の量が同じ場合、肉となる量は、牛や豚に比べ、数倍高い（飼料効率が高い）。走鳥類も同様で、しかも、草は人の食料資源と重複しない。現在、安価な中国産ダチョウとの競合で、国内産ダチョウは厳しい状況にあるが、もし、肉を食べ続けるのならば、伝統的家畜（哺乳類）にばかり依拠するのではなく、鳥類の肉資源も見直すべきであろう。

寄生虫の話題に戻るが、これら草食の哺乳類・爬虫類の共通点として、蟯虫類が寄生する。しかし、走鳥類では記録されていない。いや、鳥類全般に蟯虫類が寄生しないのだ。蟯虫類は野鼠に寄生する線虫の生活史のなかでもすでに紹介した。生活史の図（図1-11：上から2段目）のSで表示された *Syphacia* 属

94

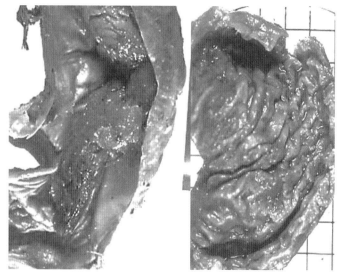

図4-4　ウミネコ（左）とキジバト（右）の嗉嚢

である。そこで示したように、蟯虫類は幼虫を含む卵の経口感染で伝播する単純な生活史を示す。鳥類に限って蟯虫類が阻まれる理由が見つからない。爬虫類と哺乳類にあり（あるいはない）、鳥類にない（あるいはある）、至近／究極要因は今後の課題である。

　サルモネラ症では、特徴的病変が嗉嚢に生じた話をした（第3章）。が、嗉嚢自体の機能については割愛していたので補足する。この袋には餌を貯め、巣内雛への給餌の際、親鳥はそこから餌を吐き戻す。なので、なんの変哲もない袋である（図4-4左）。もちろん、壁も薄い。しかし、ハト類の嗉嚢では、粘膜が非常に厚く（図4-4右）、育雛期になると、この粘膜が粥状になって嗉嚢に貯まり、これを親鳥は雛に与える。これを鳩乳（ピジョンミルク）といい、ハト類の特異的な繁殖生理・行動である。しかし、この生態を原虫ハトトリコモナスが、その継代に利用している。すなわち、鳩乳のなかに原虫が潜み、確実に雛に親子感染（垂直感染）するのだ。フラミンゴでも同様な様式で育雛するが、こういった感染が嗉嚢乳（クロップミルク）を介して起こるのかどうかは不明である。

(5)　呼吸に関わる疾病

　体を軽量化するには、骨を軽くするのも大事である。それが含気骨である。爬虫類、哺乳類、それにペンギン類の骨は緻密骨で、その名のとおり骨密度が高く、単位体積あたりの重量は大きい。私たちが行う公開講座でも（第6章）、キングペンギンとオオハクチョウの大腿骨の標本を用意し、参加者に両手で持ってもらい、その重さの違いを感じてもらっている。人も緻密骨なので、われわれの感覚からすると、鳥の骨のほうが異様に軽い。そして、鳥の含気骨には、呼吸をするうえで重要な気嚢が入り込む。これは透明なゴム風船のようなもので、肺のなかにある細気管支に連絡し、細気管支は気管支、気管、喉頭の順で外界に開放されている。したがって、外気が骨のなかにまで達するので、真菌のような病原体は、骨内部にまで達し病変を形成する（第3章）。治療は病原体と同じルートで薬剤を吸引させて行う（図4-5）。なお、気嚢が鳥類呼吸に重要であることから、治療・ケア時にその保定に最新の注意を払うことになるが、そのことは第6章であらためて説明をする。

　気嚢を好適寄生部位とする寄生虫もいる。たとえば、*Desmidocerca* 属線虫はその1つである（図4-6）。この事例の宿主は大型のカワウで、その体内に体長数 mm の寄生虫が少しばかりいても無症状であろう。図4-6の透明な膜が気嚢の一部で、養分に富んだ場所ではないと思うのだが、この線虫にとっては、

図 4-5　簡易ネブライザーで薬剤を噴霧、吸引をさせている様子
（鳥類専門の動物病院にて）

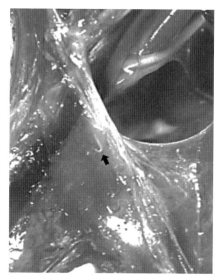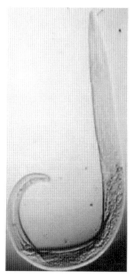

図4-6　カワウ腹部の気嚢（透明な膜）表面上に寄生する *Desmidocerca* 属線虫の様子（左；矢印）とその拡大像（右）（植松ら、2012より改変）

この場所こそ好適寄生部位なのだ。ちなみに、カワウは全国で個体数を増加させ、糞尿による汚染や樹木の枯死など被害が生じている。とくに、琵琶湖竹生島などでは、有害捕獲されている。その方法は音を消して空気銃で射殺する。音がするとほかの個体が逃げてしまうからだ。その作業にあたる方の技量はみごとで、現代版忍者である。

　さて、同じ気嚢に寄生するものでも、Cyclocoelidae科吸虫類の場合は、やや自己主張が過ぎる。これも例にもれず、好適宿主の鳥類（たとえば、オオハクチョウなどのカモ類）、園館飼育鳥類で致死的影響を示す（図4-7）。この吸虫を専門にしている米国研究者は、飼育鳥類の新興寄生虫病として警戒を発している。

　東南アジアの近代国家シンガポールは、つい最近まで、獣医大を持たない国であった。その国に畜産施設はないし、愛玩動物医療では優秀な獣医師が国外からくるので、不要であった。動物園も同様で、日本人を含む獣医師が働いている。この国にあるジュロン・バードパークという鳥類専門の施設には、本学出身の獣医師が勤務し、彼女からアカハシコサイチョウのCyclocoelidae科吸虫による致死的な症例の診断を依頼された。このサイチョウ類は、自然に近い

図 4-7　Cyclocoelidae 科吸虫症
生前診断用 X 線写真（左）、剖検像（中央；管は気管、その周囲に虫体；矢印）および病原吸虫
全体像（右）（Okumura *et al.* 2014 より改変）

環境を模した展示施設内で大切に飼育されていたが、中間宿主貝類にとっても
好適であったのであろう。日本での飼育鳥類で、このような致死例はないが、
野生カモ類ではごく普通に寄生している。注意に越したことはない。

(6)　皮下の線虫は宿主のお荷物か

　気嚢は皮下にも入り込むので、気嚢が好きな別の寄生虫が皮下から見つかる。
たとえば、Diplotriaenoidea 上科線虫は（図 4-8 左）、バッタなど直翅類昆虫を
中間宿主にし、これを野鳥が経口的に摂取して感染する。外見は、〈かつて〉、
愛犬家の天敵であった犬糸状虫のようなフィラリア的外観をしている。しかし、
フィラリア類の場合、蚊やノミのような吸血性昆虫のなかに幼虫がいて、吸血
時に血管に注入され感染する。一方、外見は似るものの Diplotriaenoidea 類は
経口感染、フィラリア類は経皮と、感染ルートがまったく異なるのである。

　さて、沖縄島東方約 300 km の南大東島に飛ぼう。この島は台風予報でしば
しば登場し、主要産業がサトウキビの絶海の孤島、いや、北大東島があるので
島々である。最近の調査により、この島のモズに Diplotriaenoidea 類が濃厚寄
生する。この検査材料は（図 4-8 右）、希少鳥類の保全研究を大阪市立大学の鳥
類生態学者と共同で進めている国環研から同定依頼をされたものであった。前
述したように、この線虫は直翅類を中間宿主にしているので、単一作物である
サトウキビを餌に増えたバッタ類であるかもしれない。このバッタ類が恒常的
に増えていれば、モズは狂喜してバッタを食べる。そして、モズは線虫に感染

98

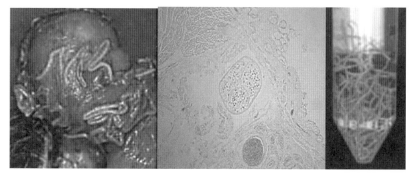

図 4-8　南大東島産モズに寄生する Diplotriaenoidea 上科線虫
皮下の寄生状態（左）、虫体への病理反応がない病理組織像（中央）およびモズ 1 羽から採集された
全線虫（右；線虫重量は鳥体重の相当な部分を占有）（Yoshino *et al.* 2014 より改変）

する。しかし、大げさな肉眼所見を呈すものの、病理組織を見る限り病態を示す組織反応はほぼない（図 4-8 中央）。すなわち、この線虫による直接的な病害はないと目される。

　ただし、線虫が多数寄生すると、モズは余計な自重を背負うことになる。骨や糞などの重量を極限的に削ってきたのが（前述）、だいなしである。もちろん、このような重量超過は、正常な飛翔を妨げる。たとえば、ハヤブサなどによる捕食から逃れる際の行動に支障になる。この出発点が、サトウキビのモノカルチャーなので、ハヤブサの捕食バイアスは人為的なコトと見なせよう。この仮説検証は、鳥類生態学との協働で行う課題である。

(7)　フィラリア症とノーベル賞

　なお、愛犬家、それと愛猫家の読者のために補足する。犬糸状虫のところで、〈かつて〉としたのは、現在、蚊が出る季節に、イベルメクチンという抗蠕虫剤（第 1 章および第 3 章）が入ったペットフードが与えられ、完全な予防がなされているからである。繰り返すが、この薬剤は、線虫にのみ効果があり、吸虫・条虫には無効である（第 3 章）。ここで注意をしないとならないのは、予防措置がなされる犬でこの線虫感染の心配がほぼなくなったのであり、犬糸状虫自体が姿を消したわけではない。たとえば、タヌキや鰭脚類でも成虫が見つかる。また、そういった動物の血液を吸った蚊が、猫に幼虫を感染させる。そうなると、犬糸状虫は未成熟虫の状態で、重篤な呼吸器疾患を惹起する。まさに、猫

の新興寄生虫病として、ここ2、3年、授業でも追加したほどである。

　しかし、人に寄生するフィラリア類はイベルメクチンによりほぼ制圧されたという。この功績から、北里大学・大村智博士がノーベル賞（生理学・医学）を受賞されたのはご存じであろう。じつは、大村先生は私の出身高校（山梨県立韮崎高等学校）の先輩である。寄生虫病を根絶するために一生を捧げた大村先生が高校の先輩であることは、確かに誇らしい。が、それにも増して、たんに寄生虫を愛でたいだけでこの世界にいる私が、この快挙以来、よりいっそう、激烈な劣等感に苛まされ続けることに……。

　それはともかく、以上のように、飛翔のために発達した鳥類に適応した寄生虫として、砂嚢筋層に縫い込まれた線虫、高栄養動物をピンポイントで摂取されるように中間宿主の形態・行動を変えた吸虫、親から子に確実に伝播されるため栄養源に忍び込む原虫、気嚢という体の隅々に入り込む呼吸器に潜む吸虫と線虫等々を紹介した。生態学的にはおもしろい事例ではあっても、本書主題の感染症からはズレてしまった。軌道修正するため、以下では、人や家畜の衛生に関わる寄生虫病の例を示したいが、もし、もうたくさん！という方は、読み飛ばしてほしい。

4.2　原虫・蠕虫による疾病

(1)　原虫症

　家禽を含め鳥類の原虫病虫として ① 鳥マラリア類、② コクシジウム類（いずれも、図 3-1 スーパーグループ SAR のアピコンプレクサに包含）および ③ 鞭毛虫類（同・スーパーグループのエクスカバータに包含）などに高病原性の属種が含まれる。人を含む哺乳類では、赤痢アメーバやアカントアメーバなどのようなアメーバ類（同・スーパーグループのアメーボゾエアに包含）も問題視される（第3章）。しかし、鳥類ではあまり大きな問題を起こすようなアメーバ類は知られないので割愛する。

①　鳥マラリア類
　マラリアと聞くと、熱帯地域の人々で、今なお猖獗を極める感染症を思い起

図4-9　利尻島におけるウミネコ有害捕獲の様子（左）とその死体から血液塗抹標本を作製するゼミ生（中央）、その標本から見出された *Haemoproteus* 属原虫（右；矢印）

こすのではないか。しかし、この原虫（*Plasmodium* 属）の仲間は身近な野鳥に普通に感染している。このことは、日本大学の研究グループがつきとめた。WAMC でも猛禽類医学研究所との共同で、希少種シマフクロウやウミワシ類でマラリア原虫に近縁の *Haemoproteus* 属（後述）を検出した。この原虫はシラミバエなど寄生性双翅類（後述）により媒介され、こういった昆虫が寄生する可能性のあるほかの鳥類でも認められる。

　たとえば、北海道・利尻島のウミネコを調べたことがあったが、その際も、多数の個体で *Haemoproteus* 属原虫を確認した。その前に、この島のウミネコであるが、この鳥種には青森県の蕪島（国の天然記念物）のように、その繁殖地が古くから大切に保護されている場所もある。しかし、利尻島の場合、まず最近、急増をした。一説には、猫が蔓延り、安心して繁殖ができなくなった天売島から移動したとされるが、不明のようだ。いずれにせよ、この新参者となったウミネコが利尻昆布を干している上に糞尿を落とすので、地域産業上、深刻な状況となっていた。そこで、やむなく有害捕獲となったのである（図4-9左）。私たちは、そこで発生する新鮮な死体から血液をスライドグラスに塗抹・乾燥し（図4-9中央）、ラボに帰り、固定する。ここで注意をしたいのは、この固定で用いるのはメチルアルコールであり、エチルアルコールではない（第1章）。その後、ギムザ染色などをして調べる。そうすると、図4-9右のような原虫が検出されたのだ。

　ここで注意したいのだが、鳥類の赤血球には核があり、楕円形を示すことである。図4-9右の写真をもう一度ご覧いただきたい。ここには5つの赤血球が示され、それぞれの中央が濃染したものが核である。これに加え、中央の赤血球は *Haemoproteus* 属原虫が核を取り囲むように寄生する。いずれにしても、

無核・正円である哺乳類（人を含む）の赤血球を見慣れている方には、鳥類の有核・楕円形は違和感を覚えるかもしれない。

いや、ひょっとしたら、病的変化だと誤解してしまうかもしれない。動物群ごとに特徴的な組織や細胞の形状を示すことを知らないと、このように診断すらむずかしいことが理解されよう。こういった正常な動物の形態を体系的に学ぶのが、獣医解剖学や獣医組織学で、基礎獣医学（第 2 章）の要の学問となる。しかし、獣医大で学ぶのは牛や犬などのごくわずかな飼育動物のモノである。したがって、日本野生動物医学会で解剖学を専門にされる方が、さまざまな動物の形態と進化・生態面を連結させた刺激的な研究を展開している。

ところで、哺乳類の赤血球にはバベシア属の原虫が寄生し、本学・実験動物ゼミと共同で北海道の在来種ヒグマや野鼠、外来種のアライグマやアメリカミンクを調べたことがある。この原虫は、国内で人の輸血により感染したことがあり、その基礎的な調査であった。寄生虫が専門だが、原虫は不得意なので、材料を提供し、有効な共同研究ができた。この原虫は人や家畜で溶血性貧血の原因になるが、野生動物ではそのような症状を呈するものはない。したがって、野生動物は原虫保有者として警戒される。ただし、バベシア属原虫はマダニ類により媒介されるので、これがあまり寄生しない鳥類では知られていなかったが、前述した日本大の研究班はこれをカンムリワシから検出した。

②　コクシジウム類

某動物園で繁殖されていたインドネシア原産カンムリシロムクの糞から *Atoxoplasma* 属が見つかった（後述 *Toxoplasma* 属と似るが A がつく）。増えた個体は原産地で放鳥するが、ただし、この原虫駆除が前提である。再導入または補強（カンムリシロムクは原産地で絶滅していないので後者）など保護増殖事業で、新たな病原体までリリースし、これが絶滅原因となったら本末転倒である。したがって、このような事業では、病原体保有検査が必須なのである。

野生種ではヤンバルクイナ、ニホンライチョウ、タンチョウなどの希少種から *Eimeria* のコクシジウム類が見つかっている。とくに、ツル類では多臓器不全を招来する播種性内臓型コクシジウム症の病原体であり、こちらも保全生態学上、問題視される。

コクシジウム感染の確認は糞便中オーシスト（卵のようなもの）検出で行うの

図 4-10　北海道知床沿岸などで見つかったハシボソミズナギドリ死体（左）とその腎臓（右；左側が正常、右側が異常）

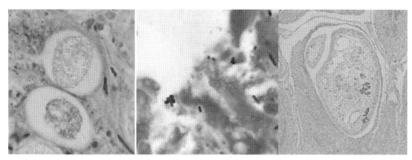

図 4-11　ハシボソミズナギドリ腎組織標本で検出されたコクシジウムのオーシスト（左）、グラム陰性桿菌（中央）および吸虫 Renicola 属（右）

が普通であるが（後述）、組織病理で診断を下すこともある。たとえば、この方法により北海道の知床沿岸などで見つかったハシボソミズナギドリの1個体で確認された（図4-10左）。その病変は腎臓の1つの葉で見つけられた。鳥類の腎臓は前葉、中葉および後葉の3つの部に分かれ、それが左右にある。よって、腎臓は計6葉で構成され、この症例は左側後葉のみ表面が粗剛であった（図4-10右）。

　そこで、病理組織標本を作製したところ、コクシジウムのオーシストの横断面（図4-11左）のほか、グラム陰性桿菌（おそらく Corynebacterium 属細菌；図4-11中央）と吸虫 Renicola 属の虫体断面（図4-11右）も認められた。これら3種の病原体の混合感染が起きていたわけだ。繰り返すが、病変はこの葉に限局され、他5葉は少なくとも肉眼的には正常であった。鳥類における腎臓の複数葉の存在は、こういった病原体を限局化させるのであろう。

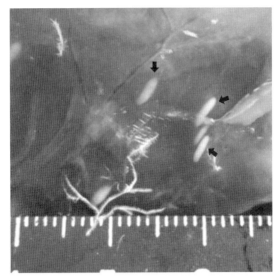

図 4-12　某動物園の飼育フラミンゴで検出された住肉胞子虫のシスト（矢印）

　このハシボソミズナギドリの死体はかなり腐敗が進んでいたので、病理組織を作製しても情報は得られないものとあきらめていたが、以上のように複合感染症が証明された。毎年初夏、ハシボソミズナギドリは豪州から北海道の知床半島沖合でまで渡ってきて、多くの個体が死ぬ。これに対し、鳥類生態学者は長距離渡り後に栄養分が残余せず、餓死したと見なしていた。おそらく、多くはそのような死因であったとしても、少なくとも、一部は日和見感染症が起きていて、抵抗力を減じていた可能性が示唆された。

　コクシジウム類の住肉胞子虫（*Sarcocystis* 属）のシストは、馬刺し喫食による食中毒（第 3 章）で一般にも知られるようになった。このシストはジビエ・ブームを反映し、ニホンジカの肉から高率に見つかることが注目される。哺乳類のみならず、野鳥（カモメ類、カモ類、ハト類などのほか、スズメ目各種）からも見つかり、たとえば、動物園飼育種でも確認される（図 4-12）。住肉胞子虫のシスト寄生に対して、健康被害が気になるが、よほどの高濃度な寄生以外、個体への病原性はほぼないと考えられる。

　公衆衛生上注目されるコクシジウム類のうち、とてもよく知られるのは、前述したトキソプラズマである。一般に、猫を飼育する人の妊婦での感染が問題

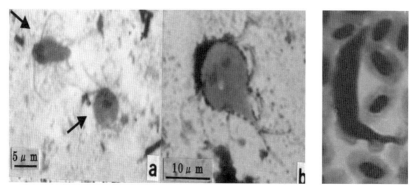

図4-13　愛玩鳥（左と中央）とシマフクロウ（右）の原虫類（西森ら、2009より改変）

視されるが、それ以外の多くの人に症状を示さない状態で感染している。大脳にこの原虫のシストというステージが寄生することから、精神状態に関連するという研究結果もある。トキソプラズマは鳥類にも寄生し、最近では、長野産カラス類、北海道産カモ類とスズメで認められた。

　クリプトスポリジウム属も人に感染するコクシジウム類である。この原虫は人と子牛で激しい下痢を主徴とするクリプトスポリジウム症を引き起こす。クリプトスポリジウム症は水道水の汚染や獣医大生が牛舎実習などで集団発生し、社会問題化する。ひどい下痢に数日間悩まされるが、栄養・免疫状態も通常な学生が死亡することはほぼない。むしろ、前世紀末まで、一人前の畜産従事者・家畜獣医師になる通過儀礼という乱暴な見方もあった。今日ではクリプトスポリジウム症に対する予防衛生教育が徹底し、手洗いの励行、こまめな汚染着衣の着替え・洗濯、畜舎から離れた場所で昼食を摂るなどにより、発生はほぼなくなった。鳥類にも宿主特異的なクリプトスポリジウム属の種が知られ、愛玩鳥の健康管理上、問題視される。また、最近報告された野生キジバトでの検出事例は、飼育個体から感染したとされたように、野生鳥類の保全面でも注意を払う必要がある。

③　鞭毛虫類

　私たちが愛玩鳥医療の専門家と共同で、嗉嚢乳（前述）を調べた結果、鞭毛虫類ヘキサミタがきわめて多く、次いでトリコモナスやジアルジアが保有されていたことがわかった（以上、図4-13左と中央）。常態では無症状だが、ほかの

疾病や栄養状態が低下した場合、日和見的に消化器症状を呈することが多い。

　トリパノゾーマ属は血液の液体成分（血漿）中に見られる鞭毛虫類で（図4-13右）、鳥マラリア類の *Haemoproteus* 属（前述）のように赤血球内に寄生するのではない。しかし、一般に寄生率はきわめて低く、病原性もそれほど問題視はされない。ただし、これは鳥類の場合であって、人や家畜ではツェツェバエが媒介する睡眠病のトリパノゾーマ属はおそろしい病原原虫である。さらに、トリパノゾーマ属に近縁なリーシュマニア属は、南米の風土病・鬼面病の病原体であり、こちらもこわい。

　Histomonas 属は鶏や七面鳥などの家禽に寄生し、腸と肝臓に腫瘍病変を形成し、かつて黒頭病という病名で呼ばれた感染症の病原体である。幸い、最近では家禽や園館飼育鳥類での報告はない。寄生虫学的には、ユニークな生態を有し、この原虫は鶏盲腸虫（後述）という寄生線虫の虫卵に潜んで鳥に感染する。すなわち、寄生虫に寄生する超寄生という現象の好例でもあるのだ。

（2）　吸虫症

　さまざまな寄生虫と邂逅しても、研究の世界に誘った日本住血吸虫（第1章）に出会うことはなかったが、鳥類の住血吸虫（*Trichobilharzia* 属）を見つけたことがある。北海道クッチャロ湖の環境省レンジャー（この人も野生動物生態研究会OB）から剖検依頼されたコハクチョウから見つけた（図4-14）。この吸虫はコハクチョウを含むカモ類の腸間膜内の血管に寄生するが、水鳥の健康に

図4-14　北海道に飛来したコハクチョウから見つけられたカモ類の住血吸虫（浅川ら、2000より改変）

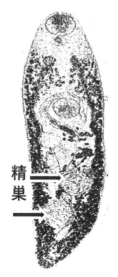

図 4-15　鶏卵吸虫に近縁な斜睾吸虫の仲間
「斜睾」とは体後部にある睾丸（精巣；矢印）が体軸に比して斜めに配列されるため

　深刻な影響を与えないし、人に寄生することはない。
　ただし、無謀にもその幼虫は人に感染を試みる。この吸虫の場合も日本住血
吸虫と同じように、幼虫セルカリアが経皮感染するが（図 1-2）、人は非好適な
終宿主のため、皮膚に侵入した途端、そこで死ぬ。しかし、その死体は異物な
ので、局所的炎症を起こし、とても不快な皮膚炎の原因となる。かつて、田植
え時に発生したことが多かったことから、水田性皮膚炎と称され、公衆衛生上
の問題となる。しかし、繰り返すが、体内深部にまで侵入することはない。
　ほかに公衆衛生面で注目されるのが鶏卵吸虫である。この吸虫は鶏の卵管に
寄生し、鶏卵形成過程で白身のなかに入り込む。大きさは 2 mm ほどなので、
ゴマ粒大、肉眼で十分確認できる（図 4-15）。もし、玉子かけ御飯にこのよう
なムシがいたら、不快と感ずるかもしれない。保健所に駆け込むかもしれない。
そこで寄生虫学の教育を受けた者であれば、食べても人に感染することはない
と説明されるはずだ。そして、鶏卵吸虫が寄生するということは、その鶏が中
間宿主（昆虫など）を摂取できうる自然環境で育てられた証であるとも、雑談を
してもよい。この吸虫が卵管にいたので、鳥類の生殖器の特徴を話題にしては
どうか。雄は両側に精巣・精管などがあるが、雌の場合、右側は退化し、左側

図 4-16　棘口吸虫類が寄生するアフリカハゲコウの腸（吉野ら、2011 より改変）

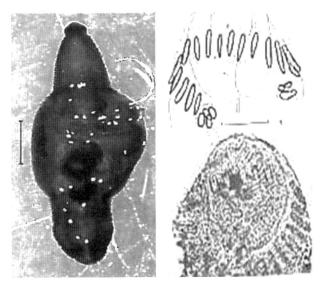

図 4-17　アフリカハゲコウから見つけられた棘口吸虫類全体像（左）と口吸
盤周囲の棘（右：ただし、別種のもの）（吉野ら、2011 より改変）

（卵巣・卵管など）が残る。これを Left ovary is left over（ovary とは卵巣のこ
と）と憶えるのですと。保健所は公務員獣医師の重要な職場の1つなので（第6
章）、その対応者が卓越した説明のできる獣医師であることを望みたい。
　最近の動物園人気動物アフリカハゲコウの腸には、結節を形成し、そのなか
に寄生する棘口吸虫類が寄生する（図4-16）。ちなみに、「棘口」とは口のまわ

りに配列される大きな棘に由来する（図 4-17）。私の寄生虫病学実習では棘口吸虫も見せ、形態をスケッチさせるのだが、ある学生は口のなかにトゲトゲを描いていた。ヤツメウナギのような画に思わず笑ってしまった。

　この吸虫の寄生状態は派手であっても、アフリカハゲコウが苦しむ様子はない。もともと、無表情な鳥類なので（これが人気の源泉）、安心してはいけないのだが。この吸虫の仲間はコウノトリ類に広く寄生し、国内に再導入のため放鳥されたニホンコウノトリでも見つかっている。このことから、保全生態学の観点からもその保有状況の把握が必要である。

(3)　偽寄生

　ペンギン類の人気も不動であるが、近ごろ、このペンギン類を腫瘍が苦しめている。長寿化したことが一因であるとされ、犬・猫でもこの傾向があり、伴侶動物医療でも腫瘍科が盛況だ。関西地方の某動物園で、その園の長年人気者であったペンギンが悪性腫瘍と診断された。長年の貢献に鑑み、緩和療法が選択され、また、健常な個体に与えるような冷凍魚は避け、生餌を与えることにした。しかし、生餌を与え始めた途端、口のなかにムシが見えたという相談があった（図 4-18）。送られた標本を調べると、魚類に成虫が寄生する吸虫であっ

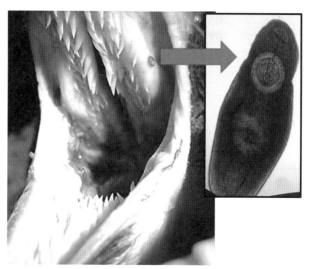

図 4-18　某動物園で飼育されたペンギンの口腔粘膜に吸着した餌魚類の寄生虫（谷口ら、2019 より改変）

た。餌魚の体が割け、その吸虫が、すぐには死なず、一時的に付着した現象と解された。

じつは、私のところに寄せられる寄生虫病の相談ではこのような事例が多い。たとえば、飼犬が自由生活するコウガイビル（扁形動物）やハリガネムシ（類線形動物）を摂取し、それが糞と一緒に排出され、寄生虫病と誤診されることは、案外、普通にある。このようなコトを偽寄生、寄生虫の疑いをかけられた生物（植物含む）を偽寄生虫という。

このように、寄生虫病の正しい診断をするために、真の寄生虫はもちろん、寄生虫のような姿をした生き物に関する知識も必須となる。しかし、後のほうは大学で教えない。明治生れのゼミ恩師は、寄生虫病を教える立場で有益な知識は、自身の小中学校時代の博物学と吐露された。今日、博物学の教育機会はないので、自分で経験値を高めるしかない。たとえば、野生動物関係のサークルで鍛えることを推奨する。

(4) 条虫症

条虫は、一般に、体が扁平で長い扁形動物で（図4-19左）、別名サナダムシともいう。この由来は信州上田の真田家に由来する。真田家には関ヶ原の戦いで勇名をはせた幸村が知られる。最近放映されたNHK大河ドラマで真田紐が紹介されていたが、その真田紐を思い浮かべると条虫をイメージしやすい。頭節（図4-19中央と右）以降の片節が、真田紐独特の横断模様に類似するからだ。その片節にはそれぞれ雌雄生殖器があり（図4-20）、それが何十、何百と連なる。不思議な動物である。

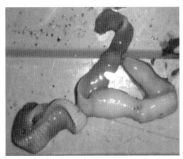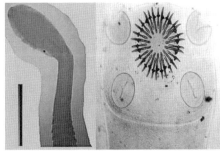

図4-19　アカエリカイツブリ（左）、ウミワシ類（中央）およびアライグマ（右）から得られた条虫類（中央と右は頭節；吉野ら、2015、牛山ら、2016より改変）

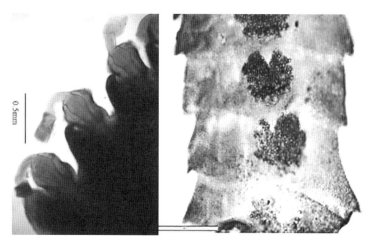

図4-20　アカエリカイツブリ（左）およびウミワシ類（右）から得られた条虫類片節（左は奔出した陰茎；右の写真・中央の濃い部分は子宮。染色標本。吉野ら、2015、および牛山ら、2016より改変）

　条虫も、吸虫同様、宿主食性を利用して感染をする。たとえば、ウミワシ類の裂頭条虫類であるが、いや、その前に〈裂ける頭〉という物騒な名前について触れよう。条虫成虫が腸管内に寄生する際、管腔にただ漂っていては腸の蠕動運動で肛門に押し流されてしまう。そのために、頭節（前述）には腸粘膜に固着するため吸盤と鉤があるが（図4-19右）、裂頭条虫類の場合、これらを欠き、吸盤の代わりに吸溝（図4-19中央）が存在する。その溝が〈裂けた〉形容になった。さて、その幼虫（プレロセルコイド：図4-21）は、餌となる海産魚に寄生し、これを食べたウミワシ類に感染する。

　ほかの裂頭条虫類も似たような生活史を示し、たとえば、人あるいは猫などに寄生し、医学・獣医学で問題視されるのが日本海裂頭条虫とマンソン裂頭条虫である。前種は幼虫がいた海産魚を人が食べて、成虫が人の小腸に寄生する。10 m以上の長い虫が、ときどき、自分の肛門から出てきて、〈飼い主〉を驚かせる。寄生虫病学実習（前述）では、実際に人から排泄された日本海裂頭条虫の標本を教材に使っている。宿主は本学獣医大生のお父上で、ご本人が心配になり、その学生ともども標本を持参して相談にみえられた。お話をうかがうと、出張で北陸地方を訪れた際、鱒寿司を食されたということであった。かつて、寄生虫本が人気を博したころ、痩せ薬としてこの条虫を飼ってみたいという人

図4-21　ミンクの体幹部から検出された裂頭条虫幼虫プレロセルコイド

　がいたというが、次に述べるマンソン裂頭条虫に比べれば、安全であろう。

　そのマンソン裂頭条虫であるが、牧歌的なことにはならない。伴侶動物では猫が断然多いが、稀に犬からの検出事例もあるし、北海道ではキツネからも見つかる。これら動物が、幼虫を宿すカエル類を捕食して感染する。一方、人が幼虫を含んだカエル類を生食し、あるいはヘビ類（待機宿主）の生血などをすすった場合、幼虫のまま体内をめぐり、幼虫移行症を惹起するので非常に危険である。

　以上の裂頭条虫類は、おもに魚類やカエル類など水生動物が関わるが、このほかの条虫は陸生の種を仲立ちにしている。たとえば、北海道の風土病・エキノコックス症（多包虫症）の病原体、多包条虫がそのようなグループである。なお、このエキノコックス症は厚生労働省が設けた区分によると、ウイルス病の重症熱性血小板減少症候群（SFTS）、E型肝炎、日本脳炎、Bウイルス病、そして狂犬病などとともに四類感染症に指定されている。前述のクリプトスポリジウム症とおなじみのウイルス病・麻疹は五類、一方、COVID-19が、現在（2020年12月現在）、〈二類相当〉なので、四類感染症の行政的な危険度は、これら両疾病の中間となる。

　多包条虫はキツネ（ときに犬）の腸管内に寄生し、その虫卵がエゾヤチネズミ（第1章）に経口的に感染して、袋状の幼虫を形成する（図4-22右）。大きな袋が野鼠の逃避行動のじゃまになり、容易に捕獲され、キツネの腸内で成虫とな

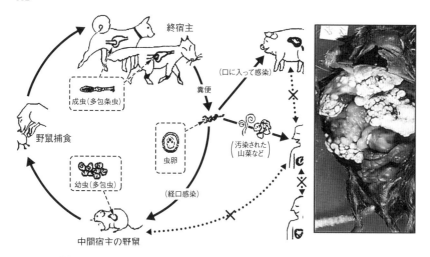

図 4-22　多包条虫の生活史（左）と中間宿主の野鼠体内の多包虫（右）

る。自然界ではこのような生活史で多包条虫が維持されるが（図4-22左）、も
し、人に虫卵が経口摂取されると、袋状の幼虫が人の体内で形成される。北海
道ではここ10年間だけでも、毎年、20名から40名の患者（感染確定者を含む）
が報告され、手術が困難で亡くなっている方も少なくない。

　深刻なのは、人の場合、めだった病変形成に10年以上かかることである。す
なわち、虫卵摂取と発症との間が非常に長期間のため、ほぼすべての患者はど
のような経緯で感染をしたのかが定かでなくなる。そうなると、因果関係が見
えにくいためか、エキノコックス症を深刻に受け止めず、公衆衛生教育に真剣
みが感じられないように見える。本学の道内出身の学生にきくと、小中学校で
もエキノコックス症の啓蒙活動は十分ではないという。日本住血吸虫症の猖獗
を極めた山梨県出身の私には（第1章）信じられない。そのため、私は、ゲリ
ラ的に本学新入生対象のエキノコックス症の研修を行うが、2020年はコロナ禍
で未実施である。授業が遠隔となり、キャンパス内で人が疎らになったのを幸
いに、キツネが跋扈し、嘲笑っているようだ。本学に近接した私の自宅にも、
以前からキツネが寄りつき、多くの糞が庭に残されている（図4-23）。北海道
内に居住する者にとって、まったく普通の光景である。

　なお、エキノコックス症は、少し前までは（国内では）北海道の風土病として
認識されていたが、数年前から愛知県などの本州でも多包条虫が犬から見つかっ

図 4-23　自宅庭の積雪上から私を見下すキツネ（左）とその糞便（右）

たので、道外での発生が危惧されている。このことは、皮肉にも、エキノコックス症を正しく診断する知識・技量が全国の医療現場に敷衍されることにもなり、北海道で暮らした者が道外で居住しても安心な医療を受けられる機会にもなるが……。

　鳥類の寄生虫に戻るが、じつは、野鼠など哺乳類を中間宿主にする条虫が鳥類に寄生することは少ない。一方、自由生活するダニや昆虫を中間宿主にする条虫は多く、飼育鳥類でも経験されるが、家禽の一部を除き、よほどの濃厚寄生でない限り、臨床上、問題視されることはない。

(5)　線虫症

　野鼠に寄生する線虫の生活史を説明したように（図 1-11）、鳥類の線虫も虫卵・幼虫などが直接的に感染するグループ（① 回虫類、② 盲腸虫類など；一部中間宿主を介する種包含）と必ず中間宿主を介するグループ（③ 旋尾虫類、眼虫類など）とが存在する。

① 　回虫類

　厄介な線虫症の多くが「出会い頭の交通事故」的である。宿主の祖先と線虫の祖先は、おたがい進化的に長い時間をかけて、穏やかな宿主‒寄生体関係に落ち着いた。その結果のモノが好適宿主であり、宿主固有の線虫である。これと類似する現象（コト）が、花粉媒介性のチョウやハチとその特殊な花とのみごとな共進化で、以上の考えが前提となり、その道筋を語らせたのが生物地理学的

114

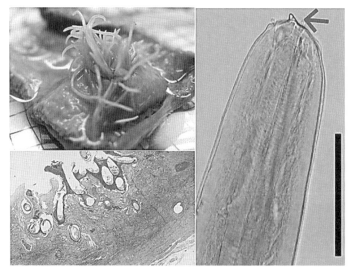

図 4-24　ウミワシ類のアニサキス症
肉眼所見（左上）、組織所見（左下）および幼虫頭部（右；以上、牛山ら、2016 より改変）

研究であった（第 1 章）。

　しかし、本来の生態学的関係ではない寄生虫と動物とが遭遇した場合、新興寄生虫病が起こる。ただ、これは人（宿主）の立場になった見方である。寄生虫にとっては約束の地（好適宿主）ではないし、もちろん、動物は新顔寄生虫と折り合いをつける手段がないので、両者均等に生存不利となるのだ。たとえば、〈アニサキス中毒〉（第 3 章）は、本来の終宿主クジラ類ではない人に摂取されるのだから、アニサキス幼虫はそのまま死ぬしかない。よって、寄生虫にとってもつらいのだ。もちろん、胃に幼虫が刺入された人は痛みで苦悶するので、両者不幸な〈出会い頭の交通事故〉に形容したのである。最近、北海道のウミワシ類でも Anisakis simplex によるアニサキス症が経験された（図 4-24）。非好適な宿主であれば、このような〈事故〉は自然界でも起きるのだ。

　もちろん、鳥類を好適宿主とする場合であっても、濃厚感染した場合、宿主の生存に不利である。たとえば、ある展示施設で飼育されたシラコバト若鳥でハトカイチュウの濃厚感染致死症例を経験したが（図 4-25）、組織学的な影響は認められなかった（図 4-26）。しかし、腸管内容物の通過障害および蠕動運動の機能不全などはあるし、若い個体ならば死に至ることもあろう。また、飼

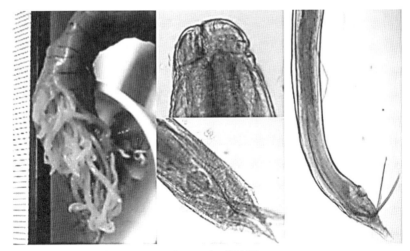

図 4-25　飼育シラコバトにおけるハトカイチュウの濃厚感染
寄生状況（左）と得られた雄虫体（中央と右；白井ら、2019 より改変）

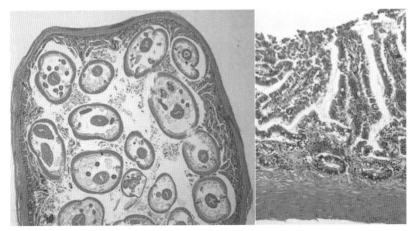

図 4-26　飼育シラコバトにおけるハトカイチュウの濃厚感染
腸管腔に充満する回虫（類円形断面；左）と圧迫された腸粘膜（右；白井ら、2019 より改変）

育環境では、虫卵の経口摂取は繰り返し起きやすい。線虫を含め蠕虫ではウイルス・細菌と異なり、再感染を完全に防ぐ免疫が生じないからだ（よって、ワクチンはないのだが）。

　鳥類の回虫類でも、その虫卵は直径 50 μm 程度、その表面はタンパク膜とい

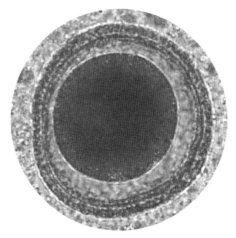

図4-27　鉛中毒罹患猛禽類の糞より検出された回虫卵
腸内で鉛中毒特徴的症状である濃緑色下痢便に染められ、
エメラルドのように美しい（牛山ら、2016より改変）

う構造に包まれ、人や犬・猫の回虫の卵と類似する（図4-27）。しかし、ここ
で供覧した写真は、鉛中毒罹患猛禽類の糞から検出されたもので、その卵殻は
この疾病の特徴的症状である濃緑色便に染められ、エメラルドのように美しい。
確かに美しいが、死の淵にある証拠なのだ。

② 盲腸虫類

　鶏やヤンバルクイナなどの盲腸には *Heterakis* 属の盲腸虫類が寄生する。腸
粘膜内で幼虫が発育し、そこに結節（図4-28）を形成するが、成虫となり管腔
に出るのでその病害は少ない。しかし、鶏盲腸虫という種では *Histomonas* 属
原虫（前述）を媒介し、その原虫が腸で出血性病変をつくり、かつ門脈に乗って
肝臓にも寄生する。この線虫種が、最近になり、いくつかの飼育鳥のほか、希
少種のニホンライチョウ、狩猟鳥のエゾライチョウ、外来種のインドクジャク
などからも見つかり、これら鳥類でヒストモナス症（旧・黒頭病）発生が懸念さ
れたが、私たちが剖検した限りそのような事実はなかった。

③ 旋尾虫類

　旋尾虫類は昆虫や甲殻類などが中間宿主となって、これを摂食して感染する。

図4-28　鶏盲腸虫が形成した腸粘膜結節

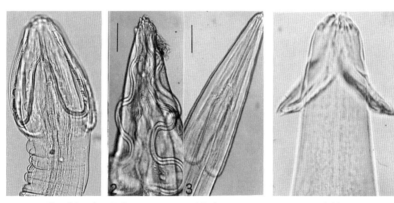

図4-29　旋尾虫類頭部に発達したコルドンの形態（Ohshima *et al.* 2014 より改変）

この成虫の頭部は胃粘膜に差し込むため、コルドンと呼ばれる固着器が発達する（図4-29）。この形態が多様で、退屈させないが、これを確認すると大まかな分類（属レベル程度）が判明する。この構造物を胃壁に刺入したものをピンセットでつかんで引っ張っても、なかなか外れないほど強力だ。また、刺入した痕は潰瘍やその部位から細菌の2次感染もある。

118

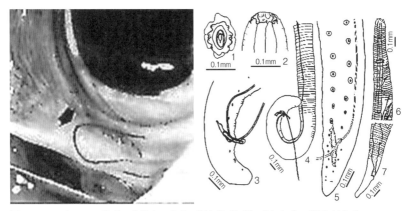

図4-30　コウノトリ眼球に寄生する線虫・眼虫類（矢印；左）とその描画（右）（Murata and Asakawa 1999 より改変）

④　眼虫類

　眼虫類は犬や牛、さらに人など哺乳類の眼球表面にしばしば寄生するが、鳥類でも稀に見つかる。日本動物園水族館協会が指定する保護対象種で、豊岡の保護増殖施設で死亡したコウノトリから得られた眼虫を調べさせていただいたことがある（図4-30左）。線虫体表には滑り止めのために横条隆起物が発達している（図4-30右）。この幼虫は涙や眼やにを餌にしているショウジョウバエの仲間により媒介される。温暖化の影響で、このハエの北上にともない眼虫類の分布境界線も北上している。この線虫に近縁な東洋眼虫という種は、犬および2次的に人に寄生するが、その眼虫症の報告は年々北上を続けている。ときに結膜炎の原因となるので注意したい。

(6)　鉤頭虫症

　北米では動物園で再導入をするために保護増殖させた希少ツル類が、放鳥後、多くが落鳥した。そして、その原因の1つが鉤頭虫症であったという。鉤頭虫は頭部にある微小な鉤を備えた吻（図4-31左）を腸粘膜に刺入し、寄生する。鉤頭虫は、条虫同様、口がないので、体表から養分を吸収する。そのような養分奪取は許容するとしても、この吻が強力で、鳥類のように腸壁が菲薄な場合、穿孔してしまうこともある。サンマの鉤頭虫（第1章）も、本来、腸管に寄生していたものが、腸を破って体腔に出たものだ。そうなると、当然、腸内細菌

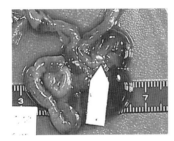

図 4-31　コノハズクから得られた鉤頭虫成虫の吻（左）とトガリネズミ類腸間膜に寄生する幼虫
（中央と右）

が漏出し、重篤な腹膜炎を起こす。このような経緯で、冒頭のツル類は死亡し
たと思われるのだが、私たちが多くの野鳥を調べても、深刻な病変を見ること
はない。運悪く死亡しても、ほかの動物の餌になってしまうのだろうか。

　それに関係するのかどうかわからないが、外来種アライグマの腸を調べてい
ると、鳥類で寄生する鉤頭虫の未成熟虫がしばしば見つかる。本来、野鳥が摂
食するはずだった中間宿主・待機宿主を奪取しているのであろうか。中間宿主
は昆虫類などの無脊椎動物である。これら動物が虫卵を摂取、虫卵は中腸内で
孵化、幼虫が腸壁を貫通して血体腔に移行、被嚢幼鉤頭虫になり、この幼虫を
含んだ中間宿主が終宿主に摂取され、感染が成立する。

　しかし、非好適な脊椎動物に摂取された場合、腸間膜などで被嚢幼鉤頭虫の
まま待機する（図 4-31 中央と右）。待機宿主とはそのような宿主である。よっ
て、アライグマがこのような待機宿主を捕食することもあるだろうし、鉤頭虫
に寄生して弱った鳥類を捕食することもあろう。日本の野外にいるアライグマ
は、原産地の北米の個体に比べ、蠕虫相が貧しい。これを定量的に調べたのが、
やはり、野生動物生態研究会出身のゼミ生で、博士課程まで WAMC に在籍を
し、アライグマの蠕虫相をテーマにした的場洋平獣医師（第 5 章）の博士論文
の結果であった。

（7）　虫卵検査

　ところで、寄生虫を主題に掲げながら、糞中の蠕虫卵にしっかり言及してい
なかった。寄生虫といったら検便、検便といったら虫卵と思われる方のために
少し補足する。先ほど、回虫卵を示したが、糞のなかから、どうやって、あん

な小さいモノを採り出せるのだろう。糞は食物の老廃物や腸内細菌の死体など
で構成されている。そのごくごく一部に虫卵が混じっている。虫卵は前述した
ように、何十 μm レベルと、とても小さい。そこから見つけ出すのだから技が
いる（その技は巻末・主著に掲げた教科書・マニュアル類参照）。

　まず、茶さじくらいの量の糞便を用意する。その糞便から食渣（食べ物の残
りカス）を茶こし（メッシュ）で取り除く。とくに、草食獣の場合、植物成分が
ものすごい量なので必ず取り除く。ただし、人のそれとは異なり、臭くはなく、
ゾウの糞から得た繊維を漉き込んだしおりが某動物園のお土産になるほどだ。
それに、水溶性なのもうれしい。肉食獣の場合、その糞便には脂分も含むので、
エーテルのような有機溶媒で下処理する。そして、スムージーのような糞便
ジュースを静置する。そうすると、比重が大きい（要するに重い）卵は沈むの
で、それをピペットで吸い出して調べる。

　しかし、比重が小さい（軽い）卵は沈みにくいので、浮かせてしまおう！とい
う作戦を採る。その方法は、糞便ジュースを遠心分離機で一気に沈殿させる。
もちろん、虫卵も食渣も一緒に試験管の底に溜まる。沈査の上にある澄んだ水
（上清）は不要なので捨てる。沈査が残った試験管に、今度は、ショ糖液あるい
は飽和食塩水を加える。私は比重 1.2 に調整されたショ糖液を使う。しかし、
飽和食塩水を使用する研究者もいる。こちらのほうが、イスラエル・ヨルダン
国境の死海を再現するようで、確かに浮いてきそうだが、カバーグラス内に結
晶が析出するので、私は好まない。

　さて、注いだのはショ糖液、すなわち、甘い砂糖水なので、名実ともに糞便
ジュースである（ただし、飲用には適さない）。その試験管の上にカバーグラス
を載せ、20 分程度静置すると虫卵が浮いてきて、カバーグラスに付着する。そ
れをスライドグラスに載せ、顕微鏡で観察する。そのようにして撮影した写真
が図 4-27 である。

　ちなみに、浮かせて調べる方法が浮遊法、沈めて集めるのが沈殿法である。
前者は軽い虫卵で、回虫を含む線虫卵や多包条虫の仲間の条虫卵である。一方、
沈殿法が適用される重い虫卵は、吸虫や裂頭条虫卵である。

　以上が糞便検査のあらましである。この検査で虫卵が見つかれば、その産み
主の寄生虫がいる証拠の 1 つではあるが、卵が見つからないといって、虫が
いないとはならない。たとえば、雄あるいは雌だけであったり、幼虫や未成熟で

あったりでは、当然、産卵されない。しかし、その寄生は病態発生に寄与する。むしろ、未成熟虫が体内を動き回るほうが厄介だ（前述した「出会い頭の交通事故」）。そうなると、レントゲン写真や IgE 分画像および好酸球数などの血液検査などを併用して診断する。さらには、人の健康に重大な悪影響を与える日本住血吸虫や旋毛虫などで開発された感度の優れた抗体検査で確定診断する。

　このように、寄生虫病の確定的な診断では、高度な機械や手法が必要になる場合もあるが、出番はあまり多くない。やはり、先ほど述べた糞便検査のほうが断然多い。そして、そこで使用される〈試薬〉に注目してほしいが、砂糖あるいは塩だけであった。もちろん、比重を高める薬品はほかにもある。しかし、寄生虫病に悩まされる国々はどこだろう。あまり好きな言葉ではないが、発展途上国である。そのような国に高価な薬品や機器は少ない。一方、いくら貧しくとも、砂糖や塩はあろう。すなわち、寄生虫病学の先人たちは、このようなことも配慮して標準的な方法を確立したのだ。原始的で汚い作業ばかりの寄生虫病学は、もはや時代遅れと見なされやすいが、とても、深く、優しいのである。

(8)　古寄生虫学

　ついでに、お話しすると、この検査が適用されるのは、新鮮な糞便だけではない。私は北海道の縄文時代とされた人の遺構にあった糞便とされたもの、さらに、同じく北海道で約 1000 年前のタヌキのため糞と考えられるものをサンプルに、上記の手法で検査をした。残念ながら、虫卵は見出されなかったが、ほかの研究者は奈良時代のトイレの遺構からさまざまな蠕虫卵を発見し、国外でも考古学的試料から結果を得ている。国際寄生虫学会では Paleoparasitology、すなわち古寄生虫学と称して、にぎやかに集会を開催している。寄生虫病学は、やはり、深い……。

(9)　蛭症

　以降は、外部寄生性（一部、内部寄生もあり）のムシについて触れる。野山でヤマビル（環形動物、要するにミミズの仲間）に吸着されることが、以前に比べ増えた。この急増はイノシシやニホンジカなどの吸血源となる動物が増えたためと解される。深刻な感染症の病原体を媒介しないとされていても、べったり

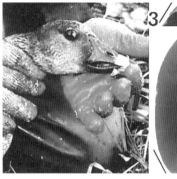

図4-32　ヒル類がオオコノハズク（左）とヒシクイ（中央）の眼に寄生する様子とヒシクイから採集された虫体（眼点が観察される；右）（吉野ら、2017より改変）

として吸血されるのは心地よくない。が、野鳥ではそのような程度ではすまず、眼や鼻腔に寄生した場合（図4-32）、生存に著しく悪影響を与える。

　日本には約60種のヒル類がいるが、陸生ヒル類は前述のヤマビルのみで、残りが水生である。したがって、水鳥での症例が断然多くなる。ヒル類は動物が呼出する二酸化炭素、振動、そして体温に対する優れた受容器を有する。とくに、体温が哺乳類に比べ数度高い鳥類にはより鋭敏に反応するのかもしれない。

4.3　節足動物による疾病

（1）　シタムシなど甲殻類による疾病

　私の標的は蠕虫で、脚のある節足動物は対象外と見なしていた。しかし、繰り返すが、ぜいたくをいってはいられない状況となり（第2章および第3章）、寄生性の節足動物の同定やそれが原因となる疾病の診断の依頼も受けた。幸い、こういった節足動物のなかには、蠕虫的な外観を呈すものも多く、結果的に満足している。さて、節足動物だが、脚数の進化の方向性は多から少で、①多足亜門（ヤスデ・ムカデの仲間）、②甲殻亜門（エビ・カニの仲間）、③鋏角亜門（クモ・ダニ、サソリ、カブトガニの仲間）および④六脚亜門（昆虫の仲間）である。

　とりわけ、甲殻類には寄生する種が多い（表4-1）。とくに、魚類に寄生する

表4-1 寄生性甲殻類（括弧のものは自由生活性）

顎脚綱
　鞘甲亜綱：フクロムシ類・エボシガイ類／フジツボ類・シダムシ／キンチャクムシ類・（カメノテ
　　　　　類）など
　橈脚亜綱：イカリムシ類／ウオジラミ類・（ケンミジンコ）など
　貝虫亜綱：（ウミホタル類など）
　鰓尾亜綱：エラオ類・チョウ類など
　舌形亜綱：シタムシ類
　ヒメヤドリエビ亜綱：甲殻類体表に寄生するヒメヤドリエビ類
軟甲綱
　真軟甲亜綱：フクロエビ上目：ウオノエ類・ウミクワガタ類などの自由生活をするワラジムシ目（ワ
　　　　　ラジムシ類・ダンゴムシ類・フナムシ類）、クラゲノミ類、クジラジラミ類などと自由
　　　　　生活をするヨコエビ目（ヨコエビ類・ワレカラ類）など
　　　　ホンエビ上目：（オキアミ目やエビ類・カニ類・ザリガニ類などの十脚目）
　トゲエビ亜綱：（シャコ類など）
鰓脚綱：（ホウネンエビ類・カブトエビ類・ミジンコ類など）

　イカリムシ類（第1章のサンマヒジキムシはここ入る）、ウオジラミ類および
チョウ類は養殖魚に深刻な病原体を含み（ゆえに魚病学で扱う）、ウミガメ・ク
ジラ類に寄生するフジツボ類は、ときどき、遊泳に悪影響をおよぼす。これら
寄生性甲殻類のほとんどが体表や鰓などへ外部寄生をするからだ。私のところ
には、水族館の獣医師や野生クジラ類の研究者から、こういった寄生甲殻類の
同定依頼があるが、そのたびに、この寄生虫の多様な形態には悩まされつつ、
その形態の多様さに驚かされる。
　形態もさまざまだが、宿主域も広く多様である。なかには、フクロムシ類の
ように甲殻類に特異的に寄生する甲殻類も存在する。おまけに、これら寄生虫
どうしで1つの群集をつくっている。たとえば、クジラ類の体表には寄生性フ
ジツボ類（表4-1の顎脚綱）がいるが、このフジツボをすみかにして、クジラジ
ラミ類（表4-1の軟甲綱）が生活をしているのだ。私は、これを第1章で紹介
した苫小牧のコククジラの体上で実見した。そこに独自なパラサイト・ワール
ドを目撃し、感動した。おそらく、もし私が、次も寄生虫学者として生を受け
たとしたら、その一生は寄生性甲殻類に捧げたい（いや、それでも足りない）。
　奥深い寄生性甲殻類の世界を垣間見たが、いずれも、外部寄生性であった。
しかし、顎脚綱舌形亜綱のシタムシ類（表4-1）は内部寄生をする。好適な寄生
部位は呼吸器で、犬を含む哺乳類と爬虫類（図4-33左）に寄生する。また、ニ
シキヘビに寄生する種では、その幼虫が人に寄生することがあるので、公衆衛
生上、問題視される。動物園で飼育されていたヒグマの腸間膜にこのシタムシ

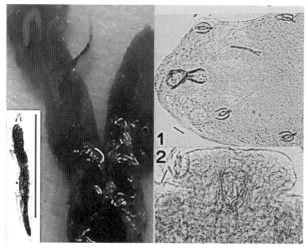

図4-33　シタムシ類が爬虫類の肺に寄生する様子（左）とウミスズメ類に
寄生していたシタムシ類頭部（右；Nakamura *et al.* 2003 より改変）

幼虫が多数寄生した症例を経験したが、おそらく、ヒグマの餌がニシキヘビの
糞により汚染されたのであろう。

　鳥類が終宿主のシタムシ類はただ1種、*Reighardia sternae* で、宿主域は海
鳥類限定である。私も苫小牧沿岸で見つけられたウミスズメ類で確認した（図
4-33右）。シタムシ類は、かつて、五口類と称されたが、これは真の口とその
側面に4個の鉤を出し入れする孔が口に見立てられたためだった。終宿主域か
ら中間宿主は海生の無脊椎動物であろうが、詳細は不明である。

(2)　ダニ症

　近年の大型哺乳類の急増にともない、これが吸血源となりヒル類の急増を招
来したことは前述したが、マダニ類も同様である。これがマダニ類によるSFTS
（第2章）やライム病などウイルス・細菌性感染症の増加を惹起した。マダニ類
は野鳥にも認められる。外来性鳥類のガビチョウからキチマダニの若ダニは寄
生確認されたが、小型の野鳥では供血量が限られ成ダニ寄生は稀である。一方、
マダニ類に比べ、体のサイズが小さいダニ類は、鳥類にごく普通に寄生する。
ちなみに、英語の一般名称が異なり、マダニ類は tick、それ以外の小さなダニ
類は mite である。

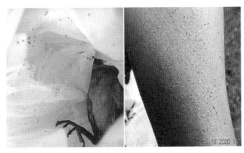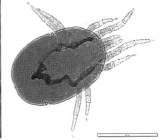

図 4-34　コムクドリ死体（左；ビニール袋内黒点がワクモ）、この鳥を観察していた生態学者の腕（中央；多数の黒点がワクモ）およびワクモ顕微鏡像（右；スケール 0.5 mm）（丸山ら、2020 より改変）

　後者ではワクモが代表的である。2020 年初夏、コムクドリの育雛行動を観察していた鳥類生態学者が巣内で死亡した雛を取り出した際、ワクモに激しく刺された（図 4-34 左と中央）。死体をお送りいただき、多数のダニを得た。来年からの実習で使おう。さて、ワクモであるが、〈クモ〉とはいっても蜘蛛ではなくダニである（図 4-34 右）。ワクモは養鶏場でも吸血による貧血以外にサルモネラ菌、パスツレラ菌、リステリア菌などの媒介の可能性について言及する研究もあり、要警戒である。

　羽はタンパク質ケラチンなど栄養素の塊で、外部寄生虫にとっては豊富で利用しやすい餌資源でもある。とくに、羽毛ダニ類は体サイズが小さく（羽軸内に寄生する仲間もいるので、よりめだたない）、あまり認識はされないが、一般的な存在である。羽に寄生するので、ハダニと誤用されることもある。が、ハダニは葉ダニ、すなわち植物寄生性ダニ類なので、羽毛に寄生するものはウモウダニである。病態も概して著しくなく、臨床的にも問題視されない。共進化の結果であろうが、結果として、ウモウダニはきわめて高い宿主特異性を示し、ダニ類の多様性研究では恰好のモデルでもある。同時に、こういったダニは宿主と運命共同体である。すなわち、希少鳥類（例：ノグチゲラ）のウモウダニ（例：*Picalgoides* 属か *Dicamaralges* 属のある種）は、絶滅危惧的な種でもある（図 4-35）。

　ダニ類というと、以上のように、皮膚や羽毛など外部寄生虫をイメージする。しかし、たとえば、肺や気管支など呼吸器に内部寄生するハイダニ類は、哺乳類では、案外、普通である。そこまで体内深部ではなくても、鳥類では皮下に寄生するヒカダニ類やヒナイダニ類は普通で（図 4-36 左）、多くは病理反応は

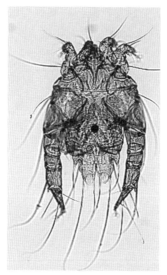

図4-35　ノグチゲラのウモウダニ類の
ある種（Yoshino *et al.* 2009 より改変）

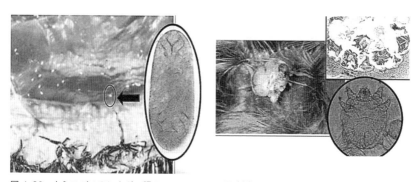

図4-36　ウミスズメのヒカダニ類 *Thalassornectes* 属（左）とシメのヒナイダニ類 *Harpyrhynchus psittaci*（右；Yoshino *et al.* 2016）

弱い。だが、ヒナイダニ類 *Harpyrhynchus psittaci* によるシメの翼基部に小指頭大の腫瘤が生じた事例では（図 4-36 右）、飛翔行動に影響を与えていたとしても不思議ではない。札幌から旭川にかけて、数例、突発的に生じたがすぐに消滅した、流れ星のような症例であった。

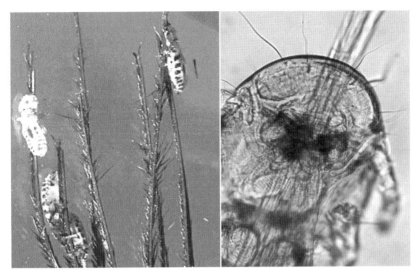

図 4-37　ダチョウのハジラミの寄生状態（左）と小羽枝を採食する様子（右；浅川、2000）

(3)　昆虫類による疾病

　寄生性昆虫は、蚊やアブなど一時的に飛来して吸血するものと、シラミのように幼虫から成虫までほぼ永続的に吸血するものに分かれる。鳥類でも蚊やシラミバエなど双翅類昆虫が寄生し、吸血時に鳥マラリアとその近縁原虫 *Haemoproteus* 属（前述）などを媒介する。ところが、哺乳類と異なり、シラミ類は鳥類ではその寄生事例はほとんど知られていない。一方、シラミ類と近縁なハジラミ類は、血液ではなく、羽枝・小羽枝を栄養源とする。そのために、羽が大きな被害を受ける。たとえば、飼育ダチョウは（前述）、羽も重要な商品であるのだが、ハジラミ類が食害を与える（図 4-37）。

　したがって、ハジラミ類駆除は獣医療面で重要な使命となる。ところで、羽は死んだ組織であるので、換羽するまでの数カ月間、鳥類はこの大切なツールを尾脂腺という撥水性を有す脂を出す部位から、嘴に脂を摂って、体全体に羽繕いをすることになる。獣医師はこの行動を利用し、ハジラミ類駆除剤を尾脂腺に盛り、自ら塗布させる。しかし、羽繕いがむずかしい頭頂部にはハジラミ類が残ってしまう（図 4-38 左）。なお、ハジラミ類は、シラミ類や一部ダニ類

128

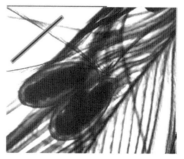

図4-38　ノスリ頭頂部に寄生するハジラミ類（左）と羽毛に付着する虫卵（右）

にあるように、羽毛に虫卵を付着する性質を持つ（図4-38右）。そのような知識があれば、羽毛（哺乳類に寄生するものでは体毛や敷料）を見る（診る）ことで、外部寄生虫のグループを特定（寄生虫病を診断）することができる。

　以上のように、鳥類の寄生性節足動物では、まず、甲殻類では海鳥のシタムシ類以外、報告はない。しかし、寄生性のダニ類や昆虫類では哺乳類同様、多様な寄生種が鳥類に認められ、その病害も血液の奪取や羽毛の損傷のみならず、病原体の媒介者としても問題視される。

5 野生動物と病原体の曼荼羅

5.1 外来種介在によるいびつな関係

(1) 外来・在来宿主／病原体の組合せ

　WAMC が設置され、そこに運び込まれる傷病野生動物の主体が野鳥であったことや鳥インフルエンザ・マレック病・ウエストナイル熱など鳥類が主体となるウイルス感染症の疫学調査などが増えたので（第3章）、鳥類を相手にする機会が急増した。それに関連して寄生虫を調べ、一部を前章で紹介した。

　しかし、WAMC 設置年の翌年（2005年）、外来生物法が施行され、クリハラリス（タイワンリス）、ヌートリア、ハクビシン、アライグマ、アメリカミンクなどの搬入数が急増し、ミシシッピアカミミガメ、ワニガメ、グリーンイグアナなど爬虫類も増えた。なかでも各地で被害をおよぼし始めたアライグマに関しては社会的要請から、年間約 800 個体のアライグマの搬入が 5 年ほど続いた（第3章）。アライグマの蠕虫を博士課程のテーマにした院生・的場獣医師（前述）が在籍していたこともあり、環境省・北海道庁のモデル事業拠点として WAMC が運用された（図 5-1）。

図 5-1　野幌森林公園（第1章）におけるアライグマの学術捕獲の一コマ（左）と的場獣医師（右）

130

表 5-1　宿主-寄生体関係の組合せ
（浅川、2005 より改変）

宿主（H）	寄生虫（病原体）P
外来種 H1	① ―　外来種 P1
在来種 H2	②×③ ―　在来種 P2
	④

　外来種は生物地理学の対象としてはむずかしいものの（第1章）、結果的には、いろいろな寄生虫に出会う機会となった。当然ながら、外来種（表5-1のH1）ではあっても、在来種（同・H2）のように、その体内外に寄生虫を宿すからだ。そして、その寄生虫（病原体）も外来種（同・P1）と在来種（同・P2）に大別される。

　宿主同様、在来寄生虫の日本渡来経緯には歴史性があるが、外来寄生虫にはそれがない。さらに、在来種どうしの宿主-寄生体関係は、生物地理学という研究でその来歴の仮説を語らせることができた（第1章）。しかし、外来種（H1）と在来種（H2）の宿主、外来種（P1）と在来種（P2）の寄生虫が存在することは、在来種どうしの宿主-寄生体関係（表5-1の④）のほか、①、②および③の宿主-寄生体関係（組合せ）が存在することを意味する（表5-1）。

（2）　直輸入された外来種どうしの関係

　原産地における宿主-寄生体関係が、日本侵入後でもそのまま維持されている状態で（表5-1の①）、哺乳類と線虫の例としてはクリハラリス（図5-2）と毛様線虫類 *Brevistriata callosciuri*、ヌートリアとミオポタミ糞線虫、ドブネズミと毛様線虫類 *Orientstrongylus ezoensis*、グリーンイグアナと蟯虫類 *Ozolaimus megatyphlon* などが知られる。これら線虫が以上の宿主の種にのみ感染し続けていれば問題はない。

　しかし、永遠に続く保証はない。内部寄生虫ですらその虫卵や幼虫は外界に出る（図1-11）。いったん、外に出れば、その近くにめあての動物がいるとは限らないし、人・家畜あるいは在来種の野生動物に感染し、将来、新興寄生虫病となることがあるかもしれない。その危険性を察知するためにも、さまざまな外来種の病原体保有状況の事前把握が必須なのである。

　在来種が減少した未来の自然生態系では、宿主・寄生虫それぞれの原産地が

図 5-2　伊豆大島の観光地で人慣れしたクリハラリス

異なり、日本に入ってから新たな宿主−寄生体関係を成立させることも普通になるかもしれない。実際に、ニュージーランドでは、この島国で外来種化したフクロギツネに、家畜として入植者が連れてきた羊に寄生していた *Trichostrongylus* 属の線虫が感染した例があった。

(3)　外来・在来のねじれた関係

　アライグマの寄生虫保有状況の調査は、公衆衛生学的な使命から実施された。この動物には原産地の北米と、日本と同じく外来種化した欧州各地ではアライグマ回虫が寄生する。この回虫幼虫が人の脳に侵入し、重篤な脳炎を引き起こす。日本では動物園で飼育されるアライグマにはこの回虫が寄生しており、ほかの飼育動物にアライグマ回虫幼虫移行症を発生させている。幸い、人での症例は未報告だが、もし、外来種化したアライグマにアライグマ回虫が寄生していたら、公衆衛生上の重大事となる。だが、的場獣医師（前述）とその後輩であるWAMCゼミ生が調べ、また、ほかの獣医大でも検査しても、この回虫は見つからない。

　しかし、その代わりにというわけではないだろうが、ときどき、北海道の個体ではタヌキ回虫が検出される。これは、日本で新しく形成されたが、外来種の宿主（アライグマ）と在来種の病原体（タヌキ回虫）の宿主−寄生体関係の1例である（表5-1の②）。また、これには長野県産の外来種アメリカミンクと線虫

132

図 5-3　本学キャンパスの牛舎内に現れたアライグマ（上段）と同大附属高校の農器具用物置の前に
出てきたタヌキ（下段）

Soboliphyme baturini の関係も含まれる。この線虫は、本来、本州のテンに寄
生するので（保有率は低い）、アメリカミンクでの寄生は偶発的なものと解され
る。しかし、この事実が明らかになった 5 年後、同じ長野県の飼猫からも見つ
かった。猫での例はシベリアの事例に引き続いての世界 2 例目であるほど、め
ずらしい。*S. baturini* の分布拡大が、アメリカミンクにより促進されたという
見方もあろう。

　アライグマを新たな宿主としたタヌキ回虫も、在来種ではあっても、新たな
乗り物を得たことにより、これまでの生息環境を拡大させるかもしれない。ア
ライグマは樹上など 3 次元的な場所（図 5-3 上段）や小河川を積極的に利用す
るので、これまでタヌキの生息地である 2 次元的林地など（図 5-3 下段）に限
定的であったタヌキ回虫にとって新しい生息地への進出である。当然、新たな
進出先に生息する動物にとって、タヌキ回虫は目新しい病原体となり、幼虫移
行症など新たな寄生虫症を引き起こしても不思議ではない。

図 5-4　東日本大震災の津波のあった地域での調査状況（左）と捕獲されたハツカネズミ（右）

　じつは、アライグマからはタヌキマダニやヒゼンダニなどタヌキでよく見つかる外部寄生虫も見つかっている。タヌキ回虫にしてもタヌキマダニにしても、タヌキとのニアミスが起きていることが寄生虫の保有状況からも垣間見える。

　在来種の宿主と外来種の寄生虫との関係は、たとえば、北海道洞爺湖岸のヒメネズミ 1 個体に線虫 *Heligmosomoides polygyrus*（第 1 章）が偶発寄生した事例がある。この線虫は家鼠ハツカネズミを好適宿主とする種であるが（第 1 章）、ハツカネズミが野鼠と同所的に生息する場所では、このような事例があっても不思議ではない。しかし、私が野鼠で *H. polygyrus* を検出したのはこの事例のみであった。

　ところで、東日本大震災の津波後の海岸林地で多数のハツカネズミを捕獲したことがある。これは本学獣医学群が実施した東日本大震災により被災した石巻市の環境汚染物質と病原体の疫学調査の一環での野鼠の捕獲作業であった。しかし、狙った野鼠は捕獲されず、この家鼠ばかりであった（図 5-4）。そして、これらから *H. polygyrus* を検出した。その場所は、アカネズミの好適な生息地であるので、不気味であった。今後、アカネズミは回復していくであろうが、その過程で、ハツカネズミからの *H. polygyrus* 感染が起きるものと想像している。洞爺湖の事例も、これと似たような過程であったのであろう。しかし、その際、野鼠の健康が心配になった。

　H. polygyrus が非好適宿主に寄生した場合、病原性はどの程度であろう。奇しくも、このことを私の英国留学中に知ることになった（第 2 章）。ロンドン動物園など英国内の複数の施設で、希少種となったヨーロッパヤマネが人工繁殖されていた。増やした個体を本来の生息地に戻す計画の一環であった。しかし、

134

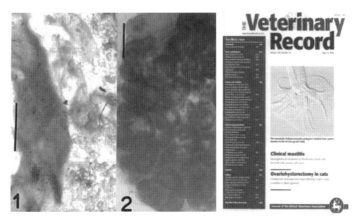

図5-5　ヨーロッパヤマネの死亡個体から検出された線虫 *Heligmosomoides polygyrus* 未成熟成虫と腸壁に形成された結節（1と2）とその虫体雄体交接嚢（右；表紙の写真）。Asakawa *et al.*（2006）が掲載された Veterinary Record 誌の表紙に採用

図5-6　英国パディントン動物園にて、ロンドン動物園主任獣医師（左）とともに放野直前のヨーロッパヤマネの検査をしている様子

　当時、問題であったのは、ある種線虫による重篤な結節性腸炎で死亡していたことであった（図5-5左）。私の博士論文が野鼠の線虫であったことから、試しにその線虫を同定してくれとなった。さっそく、交接嚢の形態を観察したところ、瞬時に *H. polygyrus* と同定され、死亡原因が氷解した。

　つまり、ヤマネの飼育施設に侵入したハツカネズミからの *H. polygyrus* の感染であった。かくして、英国民に愛されたヨーロッパヤマネの大量死は、飼育施設へのハツカネズミの入り込みを防ぐという、じつに単純な方法で、ほとん

どなくなった。この同定結果が英国獣医師会機関誌で掲載された際、同定根拠
となった *H. polygyrus* の交接嚢の写真が掲載号の表紙を飾った（図5-5右）。そ
れほどまでに、注目されたのだろう。その後、ヨーロッパヤマネは順調に増え、
放野されることになった（図5-6）。

　このように、*H. polygyrus* が非好適な齧歯類に摂り込まれると、危険である
場合があることが実見された。東日本大震災被災地でのハッカネズミ急増に、
アカネズミなどの健康を懸念したのは、これに裏打ちされたのであった。

(4)　攪乱された関係とどう向き合うか

　以上のように、日本の自然生態系ではない宿主‒寄生体関係は表5-1の①、②
および③であり、とくに、②は人・家畜での新興線虫症になる危険性がある
のでモニタリングが必要である。もちろん、ここでは寄生体を線虫に限定した
が、ほかの寄生虫や寄生虫以外の病原体でも同様である。

　また、これら3つの関係は生態系の攪乱の一形態であり、その認識がすべて
の出発点である。すなわち、外来種問題で注目されるのは、どうしても外来性
病原体の存否に焦点が絞られるが、上記のようなさまざまな宿主‒寄生体関係を
俯瞰したうえで展開しないと論議が矮小化される。もちろん、その認識は基準
となる自然生態系としての宿主‒寄生体関係④の物差しが前提となる。

　さて、読者は、愛らしいヨーロッパヤマネの大量死が止まったことに、安堵
されたと思う。だが、当時、英国にいた私の心境は別であった。まず、純粋な
興味で始めた研究（第1章）を支えた分類同定という基盤技術が、異国で役に
立ったことに戸惑った。それ以上に、この同定依頼があった際、ヨーロッパヤ
マネというめったにない宿主なのだから、新種のムシに違いないという功名心
もあり、その目論見が裏切られ、落胆すらした。

　私のような研究でも、社会の役に立つのだと実感できるようになったのはず
いぶん後であった。開き直るわけではないが、研究人生の鉄火場では、目の前
のことでいっぱいで、自分の研究がどのような社会的な貢献をしたのかを客観
的に見積もるのはむずかしい。ただいえることは、いっけん、社会への直接的
な貢献が見えない研究でも必ず役立つ。ただし、それがわかるのは、本人とは
無関係な時空間であるので、自身がそれを知ることはない。そのように考えよ
う。そして、人生をかけたモノゴトに、真摯に向き合うこと。そして、見出し

た事実は、まだ見ぬ人々に利用してもらうため、全身全霊をかけ論文公表すること。ただそれだけだ。

5.2 多様化する衛生動物

(1) 家畜衛生や動物愛護などに関わる衛生動物

衛生動物とは人や家畜に感染症の病源巣や咬傷などの直接害を与える節足動物、鼠、ヘビなどの総称である。ときに、害虫を含めペストと称され、日本ペストコントロール協会のような職能団体が存在するが、細菌性感染症にも同じ名称（ペスト）があるので注意をしたい。

さて、前節で述べたように外来種が無視できない存在感となり、そのため、従来の衛生動物観は大きく変わった。また、イノシシ・ニホンジカ・ニホンザルなどの在来種であっても、人の居住空間や家畜飼育環境への侵出がはなはだしい。そのため、豚熱（豚コレラ）・口蹄疫などの防疫のため、これらの獣類は家畜伝染病予防法（家伝法）上の監視対象とされている。この原稿を作成している 2020 年 10 月現在、豚熱ウイルスを保有したイノシシの分布が拡大しており、沖縄でも見つかったことから、イノシシが分布しない北海道ですら警戒を強めている。鳥類でも、カモ類が鳥インフルエンザウイルス（以下、AIV）の保有者であるため、家伝法の監視対象となっている（後述）。

世界的な動物福祉あるいはアニマルウェルフェアの潮流を受け（第 2 章）、動物愛護法では、飼育哺乳類・鳥類と同等に、飼育爬虫類も遇することが規定された。在来毒ヘビ類は人・家畜への咬傷のため、古典的衛生動物であったが、エキゾの爬虫類が逸出する事件が頻発し、グリーンイグアナやグリーンアノールなどが逸出し、衛生動物の範疇である新たな不快動物となりつつある。また、これら飼育および外来性爬虫類からはさまざまな病原体が続々と見つかっているので、感染論的にも無視できない。

以上のように、衛生動物の範疇は外来種や獣害などの野生動物問題と絡み合い多様化したこと、すでに家畜・家禽の感染症制御に関わる法規で監視されていること、その管理（安楽死など）においても愛護・福祉面の対応へほかの普通種・希少種と同様に配慮する義務が生じていること、また、その配慮すべき対

象は哺乳類・鳥類と同様、爬虫類も含まれることがわかった。

(2)　人の健康被害に関わる衛生動物

　もちろん、人の健康被害に関わる衛生動物も数多ある。国外種に関しては感染症法第 54 条の規定にもとづき、コウモリ類（対象となる感染症は狂犬病、ニパウイルス感染症、リッサウイルス感染症；以下、括弧内は同様）、サル類（エボラ出血熱、マールブルグ病）、プレーリードッグ（ペスト）、ヤワゲネズミ（ラッサ熱）、イタチアナグマ、タヌキ、ハクビシン（以上 3 種、SARS）が輸入禁止された。たとえば、現在、問題となっている COVID-19 の原因ウイルスは SARS のそれと近縁であり、その自然宿主はキクガシラコウモリ、2 次的な宿主がセンザンコウなどであることが明らかとなっているので、国外の野生動物の輸入を防ぐことは効果的である。

　しかし、一方では、ジビエ料理や触れ合い体験の振興から、国内の外来種・在来種・飼育種と人との物理的距離は近接している。もっとも近接した関係が人による摂食である。対象となる動物の多くは鳥獣保護管理法指定種である。哺乳類ではクリハラリス、シマリス、ヌートリア、ユキウサギ、ノウサギ、イノシシ、ニホンジカ、タヌキ、キツネ、ノイヌ、ノネコ、テン、イタチ（雄）、チョウセンイタチ、ミンク、アナグマ、アライグマ、ヒグマ、ツキノワグマおよびハクビシンが指定されている。これらのなかでイノシシ、ニホンジカおよびクマ類がもっとも捕殺され、これらにノウサギを加えた獣肉喫食により次の感染症が知られる。すなわち、E 型肝炎（ウイルス性）、腸管出血性大腸菌 O157感染症、サルモネラ症（第 3 章）、野兎病（細菌性）、ウェステルマン肺吸虫症、トリヒナ症（旋毛虫症；線虫性）である。

　一方、狩猟鳥としてはゴイサギ、マガモ、カルガモなどカモ類 11 種、エゾライチョウ、ヤマドリ、キジ、コジュケイ、バン、ヤマシギ、タシギ、キジバト、ヒヨドリ、ニュウナイスズメ、スズメ、ムクドリ、ミヤマガラス、ハシボソガラス、ハシブトガラスおよびカワウが指定されるが、これらの喫食による疾病報告はない。しかし、前述の AIV を含め、家禽への感染論的な影響は無視できない。また、人の居住地域にはムクドリやカラス類、さらには（狩猟対象種ではない）ドバトやハクセキレイが多数 集 （しゅうぞく）するため、第 4 章でワクモによる咬傷例を紹介したように、あるいは、ドバトの糞中のクリプトコックス真菌

感染のように（第3章）、健康被害を与える。そこまで至らなくても、街中の鳥集簇は、一般的に、人々に不快・不安を惹起する。

　次いで、居住地に出没し、人との距離を縮めつつあるのがニホンザル、イノシシ、ニホンジカ、ニホンカモシカ、クマ類2種（前述）およびカワウなど在来種で、いずれも鳥獣保護管理法の特定鳥獣保護計画の有害捕獲対象とされている。そのために、そのような地域の住民はもちろんだが、捕獲作業をする地方自治体担当者や研究者が病原体に感染する危険性が高い。とくに、レプトスピラ菌のような経皮・経粘膜感染する病原体は要注意である。車両や列車との衝突で傷病を負った個体や斃死体を扱う地方自治体担当者なども同様である。こういった大型の哺乳類にはマダニ類のほか、ヒグマには感染幼虫が人や犬などに経皮感染をするマレー鉤虫が寄生する。また、ニホンカモシカは山羊・羊に感染可能なパラポックスウイルスの媒介者でもあり、畜産関係者が飼育施設に持ち込む危険性もある。

　人と動物との距離を概観する際、さまざまな形態をとるのが外来種である。たとえば、アライグマは人の居住空間、農場、森林などに生息する。種により好適環境があるのは理解できても、同じ種内で多様な生息環境に適応しているのが、外来種の特徴でもあるし、厄介な性質でもある。外来生物法で指定される哺乳類としては、アライグマ（法律ではアライグマ科として明記）以外に、有袋類（オポッサム科・クスクス科）、食虫類（ハリネズミ科）、霊長類（オナガザル科）、齧歯類（パカ科、フチア科、パカラナ科、ヌートリア科、リス科、ネズミ科）、食肉類（イタチ科、マングース科）および有蹄類（シカ科）が、また、鳥類ではカモ科、ヒヨドリ科およびチメドリ科の種が列挙されている。

　狩猟・保護管理・感染症対策の対象は哺乳類と鳥類であったが（前述）、こちらは動物愛護法同様、爬虫類も含み、カミツキガメ科、イシガメ科、アガマ科、タテガミトカゲ科、ナミヘビ科およびクサリヘビ科の種が含まれている。このような外来性爬虫類も直接的（攻撃・不快）および間接的（寄生虫病・感染症媒介）に人・飼育動物へ悪影響を与えることになろう。

5.3 感染症研究の縦割りは世界を滅ぼす

(1) ワクチンは究極的手段か

　前節のように、新手の衛生動物からも病原体が続々と検出され、新たな宿主-寄生体関係（組合せ）が曼荼羅化している。しかし、全組合せに感染予防の専門家、資材、予算などを同等に割くのは現実的ではなく、深刻度に応じ柔軟に対応するのが肝要である。その前提はゼロリスク管理（病原体殲滅）が無意味という考えに大転換すること。近年、度重なる大規模水害や地震に直面し、防災よりは減災を指向しつつあり、決定的になったのは、今回の COVID-19〈ウイズ・コロナ〉が普遍化し、〈ゼロリスク管理〉の見方も一変した。

　感染症予防では ① 宿主の抵抗性付与、② 病原体撲滅および ③ 感染経路の遮断であるが、このような手段は感染症が人・家畜間で収まる間は機能しても、どこかで野生動物が介在した途端、限界が生ずる。

　いや、家畜やペットのワクチンにしても、ワクチンが効力を示さない〈ワクチン・ブレーク〉も知られる。第 2 章で述べたマレック病は、その現象により養鶏家を大いに悩ませている。また、COVID-19 終息（収束）の切り札としてワクチンの実用化が頻繁に取り沙汰されるが、回復した人にこの病原コロナウイルスが再感染したとする報道も少なくなく、ワクチンにのみ依拠するのは危険すぎるのではないか。並行してプラン B も用意したい。

　しかし、宿主の抵抗性の付与の主体はワクチンである。これは免疫抗体を産出させる製剤で、弱毒病原体の一部が体内に残存し、不顕性感染を人工的に継続させる生ワクチンというタイプに、強力な抵抗性の付与が期待される。2019年以降に本州で広域に発生している豚熱の防疫に対し、野生イノシシに投与しているワクチンはこのタイプである。投与法は弱毒ウイルスを餌に埋め込んで散布しているので、経口ワクチンというタイプでもある。

　また、西ヨーロッパでは、狂犬病ウイルスの生ワクチンを経口的にオオカミやキツネに投与している。しかし、ワクチンは標的動物を限定して開発された薬剤であり、適用外動物では致死的副作用をもたらす場合もある。たとえば、犬ジステンパー予防用生ワクチンは、レッサーパンダやクロアシイタチを殺すことが知られる。これが判明した経緯はこうだ。クロアシイタチが米国内で犬

を起源とするジステンパーでたくさん死亡し、絶滅危惧種となった大きな原因となった。そのため、人工増殖により増えた個体に、放野前、ジステンパーワクチンを接種した。ところが、多くがジステンパーを発症したのだ。レッサーパンダは国内の動物園の事例であるが、ほぼ同じような経緯で死亡した。

　したがって、散布した経口ワクチンが標的動物以外に摂り込まれた場合、このような危険性もあることは念頭に置きたい。また、たとえ、致死的効果がなくても、その体内で生残し、そのウイルスのキャリアになることも考えられる。よって、生ワクチンの使用は慎重のうえにも、慎重になるべきである。

　このような危険性を回避するために、不活性化ワクチンがあるが（細菌性感染症予防で用いる死菌ワクチンなど）、抗体産生能は生ワクチンに格段に劣る。また、COVID-19 の大発生は、遺伝子ワクチン開発の進展も促進させたが、野生動物医学分野を含め広く用いるのは、まだまだ先であるので、ここではいずれも割愛する。

（2）　病原体殺滅の功罪

　先に紹介した西ヨーロッパでの狂犬病ワクチンを埋め込んだ餌では、同じ餌に条虫駆虫薬（プラジカンテル）を混ぜ、多包条虫の駆除をしている。これにより、人獣共通寄生虫病・多包虫症（第 4 章）の予防に大きく寄与したとされる。北海道のキツネでも、この手法が応用され、少なくとも、投与直後は寄生率減少が観察される。しかし、これを中断すると、すぐにもとに戻るので永続的施用が必要となる。もし、そうなると、すさまじく大きな予算支出が前提となるが、逼迫した多くの地方財政には大きな負担となる。

　さらに、そもそも駆虫薬という治療薬をこのような予防手段に応用すること自体に問題がある。すなわち、薬剤耐性の寄生虫を創出してしまうのである。たとえば、放牧家畜群に線虫駆虫薬（イベルメクチン：第 1 章および第 4 章）を予防に用いるが、標的線虫に耐性が生じつつある。イベルメクチンは抗生物質であり、耐性寄生虫は、薬剤耐性菌出現とほぼ同様な様式で生ずるとされている。さらに、イベルメクチンは節足動物にも致死的で、この薬剤の多くがそのまま体外に排出された場合、つまり、線虫症治療・予防のためにイベルメクチンが投与された家畜の糞便にこの薬剤が大量に含まれることを意味する。そうなると、このような家畜糞便を餌にする糞虫類などの昆虫が死滅している。薬

剤使用は自然環境への負荷という側面も念頭に置き、とくに、傷病野生動物の救護（例：後述するタヌキの疥癬）では、その使用は慎重に検討したい。

　COVID-19 を機に、建物の入口に噴霧式消毒薬が設置されることが普通になった。このような限定的な場面での消毒薬使用はある程度有効であろう。しかし、自然生態系への広範な消毒薬散布は環境汚染や自由生活する生物の殺滅に繋がる。したがって、やむなく使用するような場合、散布薬剤の種類、使用時期や場所、環境や生物への残留性などを検討したうえで実施すべきである。

(3)　感染経路遮断はワンヘルスの視点で

　経済・社会活動にまで深刻かつ長期影響を与えることが決定的となったCOVID-19 を目のあたりにした今、人為的要因を除外しての感染症対策はなにも成立しないのは、重々承知している。よって、医学との連携は不可欠であるが、これ以上踏み込むと主題逸脱が必至となるので、以下では、自然生態系における要因のみ注視する。

　そうなると、感染経路の遮断は、中間／待機宿主・媒介動物などとその好適な生息環境の除去に尽きる。が、それでも、これまで述べた 2 点と比べ、対処範囲が格段に広い。また、保全生態学の専門家との協働が大前提となることも異なる。

　まず、感受性動物の病原体保有状況の調査がすべての始まりとなるのは自明である。とくに、新手の衛生動物（前述）では、感受性を含む生物学性状自体、不明な種が多いので、まず、このような種は最優先で行うべきである。また、発生場所については、周辺地域を含め環境保全に努めつつ、人・家畜の入り込み制限はもちろん、野生動物侵入も抑制すべきである。加えて、病原体媒介者である昆虫類やダニ類などが増えないように、水たまりの埋設、植物の刈り取り、吸血源動物の管理などが必須となる。

　しかし、このような施策に用いる資源は有限なので、標的を絞って対応するのが鉄則となる。その参考例として、この数年、国環研と共同で AIV 検出パターンを観察し（第 3 章）、いつ、どの経路で、どの鳥類がウイルス伝播に重要な役割を担っているのかを調査した実例を紹介する。2008 年 10 月から 2015年 3 月までの全国 52 カ所で糞便サンプルを収集、ウイルス RNA を検出した（図 5-7）。その結果、これらサンプルでの陽性率は 1.8%、もっとも高い陽性率

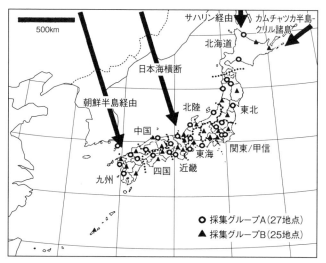

図5-7　鳥インフルエンザウイルス調査のためのカモ類糞便採集地点（Onuma *et al.* 2017 より改変）

は秋の日本中部から南部で示した。これにより、AIV 伝播の主要な経路が日本海横断あるいは朝鮮半島経由と考えられた。また、陽性サンプルはマガモ／カルガモグループ由来が最多（52.0％）で、次いでオナガガモ（27.6％）であった。カモ類同様、多数飛来するシギ・チドリ類については、2006 年から 2010 年、北海道に飛来する 27 種計 1749 羽を調べた結果、メダイチドリ 1 個体のみでウイルス陽性を認めた。

　以上から、AIV 予防では秋から冬、日本中央部から南部のマガモ／カルガモグループとオナガガモなどを集中的に警戒し、一方、シギ・チドリ類は監視対象から外せることが結論された。この調査は野外作業や鳥類生態・分類などの保全生態学との協働が不可欠であった。

　長期的な調査期間で行う点でも、保全生態学との協働が不可欠である。一般に、野生動物の大量死という現象は、社会的に注目されやすいが、感染症研究者までこれのみに眼を奪われてはいけない。感染症のなかには、生殖器系や運動器系などを標的に感染し、すぐには個体の死には直結しないものの、個体群の繁殖率や生存率を低下させる、あたかもボディー・ブローのような様式がある。たとえば、マガンのマレック病ウイルス感染症（第 3 章）、ニホンカモシカのパラポックスウイルス症、タヌキやキツネの疥癬（微小なダニ mite が皮膚に

寄生する疾病）などがある。確かに、野生動物の死体の山が眼前に築かれるス
トレート・パンチ的な感染症は、一般の耳目を惹き、即時対応の理解が得られ
やすい。ところが、前述のボディー・ブロー的な感染症は長期間をかけて個体
群が減少するので、これを正しく検知できうるのは、保全生態学者だけであろ
う。したがって、この分野との協働（共同）が不可欠となるのだ。

(4)　動物にも人にも安全に捕獲するには

　これまで、野鳥の感染症や寄生虫病について述べてきたが、検査材料はどの
ように得ているのだろう。なにしろ、相手は飛んでいるのだから、このような
疑問は当然である。たとえば、利尻島のウミネコで述べたように（第 4 章）、有
害捕獲された死体を利用するのは確実である。しかし、相手が希少種である場
合は、鳥類の安全に配慮された状態で捕獲し、健康を損なわないように最低限
の材料を得て（とくに、血液は採りすぎてはいけない）、再び群れに復帰する方
法が採られる。しかも、作業者が、絶対に、負傷をしてはならない。このよう
な技術体系は、保全生態学あるいは鳥類学分野で永年培われた。先ほど、保全
生態学と獣医学との協働について言及したが、まさに、このような捕獲の場面
で発揮される。そこで、第 3 章で触れたガン類のマレック病ウイルス調査をモ
デルに紹介したい。

　その前に、ユーラシア大陸東縁から北米大陸北西部に生息し、日本列島に飛
来するガン類（マガン、ヒシクイなど）の基本的な飛翔ルートついてごく簡単に
述べる。夏季、シベリアやアラスカなどの極北地域で繁殖し、寒冷化する秋口
に越冬地に向けて南下する。日本の越冬地としては、宮城県の伊豆沼や島根県
の宍道湖などが有名である。しかし、南下する際、いきなり越冬地に向かうの
ではなく、あたかも途中下車をするように、一時的に特定の場所で居留する。

　その代表的な場所が、北海道の宮島沼である。約 30 ha の狭い沼で休み、日
中は周辺の農地で落穂などを 啄 み、栄養を補給する。数万羽のマガンを中心と
したガン類が飛来するので、以前から、感染症について懸念されていた。その
ようななかで、マレック病罹患個体が見つかり、注目されたのだが、このこと
は第 3 章で述べたので割愛する。そして、一時的な居留地で過ごした後、冬本
番になる直前、越冬地に飛来する。

　さらに、翌年の早春、秋のルートとは逆のルートで繁殖地に向かう。演歌や

144

俳句で登場する〈北帰行〉である。ただし、この場合も、いきなり極北に向かうのではなく、途中、秋のときと同じように宮島沼にも飛来し、雪の下から出てきた新芽や前の年の落穂などを採餌した後、繁殖地に向かう。

　一部の個体群（とくにヒシクイ）は、カムチャツカ半島先端にある湖の上で換羽をする。ガン類を含むカモ目鳥類では、換羽（前述）が特殊というか、潔いというか、翼にある使い古した羽（風切羽という）を一気に脱落させ、いっせいに新しい羽が生ずる様式となっている。そうなると、一時期、飛べなくなるため、肉食獣に襲われやすくなる。そこで、そのような哺乳類が接近できないように、この時期を湖上で過ごすのである。このような湖を、鳥類生態学者は換羽湖と呼称している。

　さて、捕獲法である。私が参画した場所は2カ所、北海道宮島沼（対象はマガン）とカムチャツカ半島先端の換羽湖（ヒシクイ）であった。前者では、北帰行時期（2002年4月）前、山階鳥類研究所と東京大学が組織したロケットネット法による捕獲である。電波発信器を装着する際、ウイルス用検査材料を採集させてもらった。宮島沼周辺の見通しがきく耕地を選定し、数日前から麦などの誘因物で集める。様子を見計らって、後端に網を連結したロケットを発射して、一網打尽にした。それを1羽1羽、玉ねぎの収穫袋に収納して、電波発信器や標識装着と検査材料採集をして放鳥をした。このとき、軽トラックに乗った周辺住人と思しき方が現場にやってきて、なにか叫んでいた。それはそうだろう。大人数で、大きな音のする物体を、天然記念物である鳥類にぶっ放すのだ。すかさず、東大のメンバーが軽トラックに駆け寄り、調査の目的を説明し、納得してもらったのを鮮明に憶えている。このような調査では、説明力がいかに大切なことか身に染みて理解した。

　カムチャツカ半島先端では、前述したように、相手は飛んでおらず、湖の上で生活をしている。この調査は〈雁の里親友の会〉が調整し、ロシア科学アカデミー極東支部に協力を依頼したものであった。湖上のヒシクイを湖岸に設置した囲い網に、後ろからモーターボートで誘導する方法が使われた（図5-8）。かつて、世界的に物議が醸し出されたイルカ問題で注目された漁法の追い込み漁に似ているが、個体にとってはとても安全であった。網のなかに捕獲されたヒシクイの翼を確認すると、風切羽が換羽中であることを見て取れよう（図5-9左）。

図 5-8　換羽湖での追い込みによるヒシクイの捕獲（浅川、2003 より改変）

図 5-9　捕獲されたヒシクイの換羽中の翼・風切羽（左）と捕獲調査の合間に野鼠を捕獲した様子（右）

　現地には予備踏査と本調査の二度訪れた。本調査では北海道大学でマレック病を専門にされる研究者もお誘いした。このために JSPS 科研費を申請され、準備周到であり、さすがであった。それにしても、家禽が主戦場であった方を引きずり込んでしまい、ほんとうに申しわけなかったと今でも反省している。

　さて、一行が向かう場所は大湿原のどまんなか、道はない。往復手段は、ヘリコプターのみ。その轟音の機中、「あれ、俺はいったい、なぜ、ここにいるんだっけ？」と何度も自問した。しかし、ゲンキンなものである。キャンプサイト周辺で、野鼠を捕獲して（図 5-9 右）、もやもやは吹き飛んだ。先ほど、科研費の話が出たが、私も、この調査のために同様な競争予算を獲得していた。それまで、縁がなかったが、マガンのような天然記念物級の動物の感染症研究では、一転して採択される。研究を行うためには、研究費が必要である（第 2 章および第 6 章）。そのためには、社会に理解してもらいやすい課題を出し、そ

の課題に支障がないように、あるいは、その課題を補完するために自分のライフワークを組み入れるというとことが現実的であろう。主客逆転のようだが、研究者を目指される方は柔軟に考えておいてほしい。

6 次世代へいかにバトンを渡すか

6.1 まず、働かないと……

(1) 保護と救護が混然となってませんか？

　私のもとには、次のような希望（相談）が寄せられる。① 野生動物の保護を仕事にしたい、② 園館で働きたい、③ 爬虫類および／または鳥類の専門医になりたい等々。獣医大生ばかりか、（オープンキャンパスや出張講義が常態化した今）高校生からも稀ではない。いや、小中学校の児童・生徒からもいただくことすらある。じつは、このような問い合わせは日本獣医学会が設置している HP にも寄せられて、私も回答したことがある（くわしくは、2017 年に刊行された日本獣医学会［編］『それ！ 獣医学のスペシャリストに聞いてみよう！』［学窓社］参照）。

　これらに対して、野生動物医学が存在する前ならば〈野生動物の職はない〉と宣言すれば事足りた。だが、そのようなことでは野生動物医学に未来はない。この章では、まず、関連職域を概観しつつ、この分野の展望をしたい。

　まず、① についてだが、獣医大新入生が描く保護は、保護管理（マネージメント）の保護ではなく、ほぼまちがいなく救護を指す。救護は愛護精神から派生し、獣医療技術を傷病野生鳥獣に施す活動である。人間社会でなんらかの活動を継続するには、多くの場合、金銭を得ないとならないが、救護に対して金銭を支払う仕組みはほぼない。「お金を払わない野生動物の救護はナンセンス。さっさと目を覚ましなさい！」という常套的指導は、あながち的外れではない。しかし、野生動物と獣医師（獣医学）との関わりを救護に収斂し、〈野生動物の仕事はない〉との全否定に持ち込む弁は強引である。また、救護に関しても、動物園やエキゾなどの職に就きながら、環境教育あるいは臨床技術涵養などで活用されている。したがって、① に対して「保護の仕事を望んでいるが、それは

救護ではないのか」と確認し、もし、混同している場合、保護管理と救護とは
別のことであり、それぞれについて簡単に解説する。また、「日本獣医学会の
HP に寄せられた質問への回答集のなかにもヒントになるものがある」と追加
している。このような基盤が形成された後、「野生動物の救護活動のみで成り立
つ職域は、国内外を通じほぼ皆無と考えてよい。しかし、業務の一環としてこ
の活動をしている職域もある。そのような職域を考えてはいかがであろう」と
水を向ける。

(2) それって、獣医学？

　ところで、ここは職域を話題にしているので、急いで補足するが、通常、野
生動物の保護管理や救護は自治体の林務や環境系の部署が対応する。また、民
間でも専門の保護管理系の企業がある。たとえば、（株）野生動物保護管理事務
所は老舗中の老舗で、勤務される方に獣医師の資格を持ったメンバーも少なく
ないが、基盤は農学の一分野、林学となる。森林資源に害をなす野鼠やノウサ
ギ、シカ、カモシカなどの個体群動態の理論や制御などの研究が、今日の保護
管理施策に反映されている。

　また、海洋生物の保護管理、すなわち漁業対象魚種やクジラ類、その資源に
害をなす海獣類の生態や被害防止などは水産学の主要な研究課題の1つとなる。
したがって、野外で野生動物を相手に仕事をしたいと望むのなら、これら科学
のほうが近い。このほか、野生動物の行動を追求するフィールドワーカーとい
う道もあろうが、本書主題からは逸脱する（巻末「さらに学びたい人へ」参照）。

　さらに、希少種保全で、人工授精や受精卵移植など動物個体を増やすという
理論と技術は畜産学系の家畜繁殖学、遺伝繁殖学、生物生殖学などのゼミの主
戦場である。獣医学にも繁殖学はあるが、そちらは生殖器の疾病の予防・治療
に軸足を置く。したがって、動物だからといって、なんでもかんでも、獣医学
というのは違うし、そもそも、獣医学にも限界がある（第2章）。

　しかし、野生動物が生きていく環境の構造が理解され、その保全を行う必要
がある。このような科学が保全生態学で、伝統的には農学や水産学に加え、今
日では環境が冠としてつく大学学部・大学院研究科が対応している。もちろん、
植生や土壌、河川や海洋などの直接的なモノに対してのサイエンスだが、これ
らに対して人為的な影響が強大な今日、以上のような自然科学だけではまった

く不十分である。環境法を整備する法学、環境破壊のおもな原因の 1 つ、困窮を失くすための経済学、もう 1 つの原因、戦争を防ぐ政治学、そしてこれらをしっかり伝える教育学などである。2015 年に国連で採択された持続可能な開発目標 Sustainable Development Goals（SDGs）を一瞥すれば、すべてが関わり合っているのが理解できるだろう。

　いや、どうかな。環境問題という語は知っていても、これを一般の方が理解し、自分の未来の具体的な部分と関わらせるとなるとむずかしい気がする。いわゆる偏差値教育で学歴はほかの国に比べれば概して高いが、これは入学試験対策用の反復練習と暗記に重点を置く中高校教育の〈成果〉であり、その先の大学教育もお座なり的なものもあろう。そこに、環境問題を思索するために必要な俯瞰的・総合的・想像的思考が育つとは思えないからだ。〈獣医師国家試験対策の授業をしている、おまえにいわれたくない〉とお叱りを受けそうなので、これ以上深掘りはしないが……。

　広い視野でモノゴトを冷静に見直し、たとえば、大学院進学先の選択肢にすることを強く推奨する。そして、もし、そのような職に就いたとしても、安易に辞めるようなことをしない、はむずかしいので、就職する前に慎重に選ぶ。実際、競争の激しい職に就いても〈野生動物は趣味でいいっす〉などといい残し、辞める方は少なくないからだ。獣医師免許があれば転職しやすいのだろうが、せめて、就きたくても就けなかった方がたくさんいることを考えよう。

(3)　それでも救護、ですか？

　これらに比べれば、かなりスケールの小さな話題となるが、もし、この時点でも、（つい先ほど述べた、保護管理や保全ではなく）救護を人生の大きな目標としているのなら、さらに長めの次のような説明をする。高病原性鳥インフルエンザウイルスのカモ類、豚熱ウイルスのイノシシなど野生動物が深刻な感染症病原体の媒介者として警戒すべき対象であることは、もはや社会の常識となっている。当然ながら、救護個体も同様な危険要因と見なされ、こういった個体を受け入れている施設は、病原体検査を含め相当慎重な対応をしている。そのような対応が不可能なものは、端から受け入れていないし、今後、ますます減少していく。もちろん、救護に携わる者は、人に感染する危険性をはらむ感染症予防に関し深い知識と経験が求められる。

　また、もし相談者が国外で救護をしたいという場合、獣医療行為をともなうので当該国の獣医師免許を得る必要のあることが多いが、医療技術をともなわない保護管理や感染症研究では免許不要な場合もある。しかし、大学院博士課程へ進学してプロの研究者を目指すか、国外の野生動物医学専門職修士大学院（第2章）などで学びつつ、コネクションを得て、就職機会を待つことも推奨している。

　もし、相談者が国内での活動を考えているのなら、かなり深い鳥類医学の知識と医療技術の経験が、卒業後、必須である。なぜならば、救護個体のほぼすべてが野鳥であるが（第1章および第3章）、獣医大の課程では鳥類医学・医療教育がほとんどなされていないからと話す。

　まだ続く。以上をクリアし救護個体を治療し、回復したので放鳥となる。しかし、この個体は病院で使用した抗生物質により薬剤耐性菌が現出していないのか。入院中に与えていた市販の動物餌には疾病予防のため、抗生物質を含む場合もあるので、同じく耐性菌の危険性はないか。あるいは、入院個体から院内感染はしていないか。以上を否定しない限り、放鳥により自然生態系にそういった病原体を蔓延させる危険性がある。また、不幸にして、放鳥した個体が、別の事故原因になる危険性はないのか。高速道路や鉄道付近で救護された個体をもとの場所に放すのは非常に危険であるのは自明。そもそも入院した個体が、放鳥後、しっかりと生きていくことができるのか、繁殖に参加できるのか等々、疑問が湧き起こる。相当な覚悟・知識・予算・労力がかかるが、それを解決するあてはあるのかとたたみかける。

　いや、その前に、このような行為自体、関連条例を含み法的問題が指摘される場合もある。救護活動をしっかりやるのなら、一獣医師には限界がありすぎる。税金の支弁に関わるので新たな法律からつくりなおす必要がある。そのためには、自身が立法の側にコミットするため、たとえば、国会議員に立候補し、上流から改革していくべきだろう。獣医師の資格を持ちながら国会議員となった方はいらっしゃる。ぜひ、目指してはどうかとも勧める。

　第3章で述べたように、人間社会を維持する過程で、野生動物の死が常態化している。したがって、人間社会がある限り、救護活動の源泉が枯渇することはない。このような数多の犠牲者のうち、愛護条例を設けた自治体の機関、大学、動物園、開業獣医師などに運ばれるのは年に約2万件で、そのうち、90%

図 6-1　救護鳥類のケアと放鳥の様子（左：ノスリ、中央と右：アカゲラ）

以上が普通種の野鳥である（よって、鳥類医学・医療術が必須）。うち約 20% が放野されるが、追跡調査はないので、生存率は未知である。数日程度で死んでしまうものも多いという見方もあるし、たとえ、生き残ったとしても、その個体群に戻り、繁殖へ参加を保証できる可能性は低い。もし、繁殖に参加できたとしても、収容場所と放鳥した場所とが異なる場合、遺伝子レベルの攪乱に手を貸すことになる等々。

　以上のように、救護の問題点を冷静に見つめ、この活動を野生動物医学の発展に繋げてほしい。たとえば、救護が一般の人々に与えるインパクトが強力な点に注目してみよう。本学に搬入された個体では、環境教育を行う際に、このような救護個体（図 6-1）を利用させていただくこともある。この点は、いくつかの園館あるいは NGO が実施しており、北海道でも猛禽類医学研究所やウトナイ湖野生鳥獣保護センターが先導的である。また、救護活動をする NPO 野生動物救護獣医師協会（WRV）や野生動物リハビリテーター協会（WRA）などが優れた獣医療技術を応用しているので、とくに、鳥類医学・医療全般の向上にも資すると期待される。なかには、こういった活動に刺激を受け、国外留学を目指したゼミ生もいた（図 6-2）。そのために、動物愛護に最大限の配慮をして、傷病個体活用は選択肢の 1 つにしてよいのではなかろうか。

　もう少し具体的な話題に戻ろう。図 6-3 を注目してほしい。小さくて恐縮だが、これはゼミ生が注射筒を持ち、野鳥の口内にゲル状の餌を投与している様子である。このような手法を強制給餌といい、鳥類救護では基本的な手技の 1 つである。食道に差し込むため、注射筒の先端にはゴムあるいはシリコン製のチューブが装着される。この作業時に注意すべき事項が、このチューブをどの穴に差し込むかだ。鳥類の口のなかをのぞき込むと（図 4-1）、まず、眼に飛び

152

図6-2　救護されたオオハクチョウからの採血（この学生は英国ブリストル大学大学院保全医学修士課程進学）

込んでくる穴（孔）が、気管の入口（喉頭）である。もし、こちらの穴にチューブを差し込み、餌を流し込むと、肺の機能不全に陥る（急性誤嚥性肺炎）。当然ながら、餌を流し込む場所は食道の入口（咽頭）であるが、とてもめだつ気管の入口の奥の奥にある。〈ここに入れてね〉と主張する気管入口の穴は、まさにトラップなのである。

　この穴がトラップとなるエピソードはもう1つある。気管に餌を入れてはいけないが、麻酔用ガスを送り込む経路として利用する際のチューブは、この穴に差し込む。もちろん、送り込むものはガスなので、チューブの外径が小さすぎると、ガスが漏れてしまう。したがって、チューブは太いものから細いものまで用意されている。バックヤード・ツアーで動物園内の動物病院を訪れることがあったら、麻酔機器のそばにさまざまなチューブが並べてあるのをご覧になってほしい。そして、このチューブを装着する際（挿管）、獣医師や動物看護師は、気管の太さを頸部の皮膚の上から触知して、適切なチューブを選ぶのだ。トラップはここで起きる。鳥類であっても、肺に入る直前、気管支が二又に分かれる。ところが、ペンギン類の場合、この気管支の分岐が気管の入口直後で起きており、それら2本の気管支が密着して、あたかも1本の気管のようなふりをして、肺に入る性格がある。したがって、皮膚の上から触知できるのは、気管支2本分なのである。もし、この太さでチューブを挿入したら、気管支の壁を破壊するので、半分の外径のものを選択しなければならない。

　そもそも鳥類の大呼吸の様式は、袋である気嚢、要するに体全体を膨らませ

図 6-3　WAMC に収容された野鳥にゼミ生が保定に注意しつつ、強制給餌する様子

たり、収縮させたりして空気を取り込んでいる（図 4-6 左）。したがって、鳥類をあまりきつく持ってしまうと、呼吸ができない。WAMC のゼミ生（図 6-3）は、当然、これを熟知しているので、絶妙な状態で保定する。この知識があれば、気管入口が閉塞した場合、腹部に小さな穴を開け、そこにチューブを差し込むと、緊急的に気道を確保できる。

　いずれにせよ、以上のような基本のキのようなことを多くの新卒獣医師は知らない。何度も申しわけないが、獣医大の正規課程では鳥類医療学を扱わないからだ。勢いだけで助けたい！　といって、哺乳類の限られた知識・技術だけで鳥類を扱うと、救命とは逆の結果となる。

(4)　獣医学部生憧れの園館獣医師

　次いで ② の園館獣医師に関してである。日本動物園水族館協会登録の約 140 園館の獣医師数は約 400 名で、獣医師免許所有者の 1% 未満の方々が就業している（未登録施設も数多あるが、専任獣医師はほぼ皆無）。したがって、日本では毎年約 1000 名の獣医師が誕生するので、うち約 10 名が園館獣医師に新規採用されるとして解してよい。就職には新鮮な情報入手が肝要である。日本野生動物医学会には学生部会があり、その支部が各獣医大などにあるので、その学生メンバーや私のような顧問からある程度の基本情報を得られよう。申し遅れたが、本学会支部は、今のところ、大学非公認だが、学生サークルとして活動

していて、たとえば、勉強会として講義室を使う場合、教員が認印をしないとならない。そこで、2001年以来、私が顧問をしている。もっとも、学生部会をつくるよう、ゼミ生を通じ、けしかけた責任もあった。いずれにせよ、基本のキとなる情報は、以前に比べかなり還流している。まず、情報入手である。

さらに、就職成功の可能性を高めるには、園館での飼育・獣医実習や卒論研究などを通じ、恒常的な情報入手が不可欠であるし、このようなコネクションが形成されれば、就職情報は自然に得られるようになる。加えて、履歴書に記すことができうる潜水士、狩猟、学芸員などの資格取得にも励みたい。園館は生きた動物を展示する博物館であり、学芸員は園館で働くためには必要な資格の1つではある。

また、卒論は筆頭著者で専門誌に公表しよう（第2章）。そうすると、名前と大学名とで検索すると（エゴサーチ）、論文がヒットする。これが大事で、たとえば、就職面接で〈大学では○○を一所懸命にがんばりました〉といっても、その証拠がなかったら〈?〉となる。もし、自分が園館長であったら、どう思うだろう。確かに、ネットだけに頼るのは危険である。だが、すでに、そうはいっていられない現状である。私は、正真正銘のアナログ人間（アナクロ人間）だが、その程度のことはわかる。なので、ゼミ生には自身の論文がヒットするような状態にしておくことを推奨している。もちろん、これがすべてではない。たんなる名刺程度。されど、名刺が必須アイテムなのは今も昔も変わらない。

さらに、論文刊行は、園館に就職後、キャリアアップをする場合、日本野生動物医学会認定専門医の受験資格を得るためにも必要である（第2章）。園館の4つの役割、すなわち娯楽、希少種保護、教育に加え、研究もあるので、論文刊行は研究能力の担保と見なされる。園館動物は新知見の宝庫でもあり、きちんと論文公表することは、野生動物医学振興のためにも必須である。たとえば、人で肺結核と誤診される虫嚢を形成するウエステルマン肺吸虫や多包条虫と同属で南米に分布するフォーゲル条虫が新種記載（第1章）をもとにした虫体は、動物園飼育動物からの病理診断材料であったように、園館は研究者にとってもパラダイスなのである。

しかし、だからといって、研究者は（とくに、大学教員）、園館をサンプルの狩場にしてはいけない。当該施設と対等な共同研究をして、情報管理や論文著者などの条件を含め、相互理解をしておくこと。そして、園館人から有意な人

材の輩出を促進し、将来は、ロンドン動物園のような野生動物医学専門職修士課程（第2章）が誕生するように実力を蓄えてほしい。

　ところが、大きな問題点がある。園館獣医師（とくに、新人）の退職が少なくないことである。〈3年無休でがんばったが、もう限界。動物園は卒業します〉と宣言したゼミ生もいた。待遇面で問題がある場合もあろうが、ほかの退職理由としては臨床技術の習得面でむずかしい点である。園館動物に対しての医療技術は家畜・伴侶動物医療が基盤となるが、このような基盤技術取得は、卒後、それぞれの職場に委ねられている。したがって、「大手の伴侶クリニックに比べると、園館は臨床技術習得の場としては見劣りするが、それでも新卒で就職しても正解か」と心配する学生は多い。しかし、これは個々人の人生設計に関わることであるので、第三者がとやかくいう問題ではない。

　退職問題は、園館側にとっても深刻である。戦力になる直前、辞められてしまうからだ。双方にプラスになるとすれば、臨床を含む継続的卒後教育の機会を設けることであろう。そもそも、園館には多様な動物が飼育されているので、これらの健康を保つには相当な技量が求められるため、このような機会は有益である。

　ところで、登録園館のなかですら専任獣医師を雇用せず、周辺動物病院と診療契約をしているケースもある。そのような動物病院では、通常の伴侶動物を診て、ときおり、園館飼育動物の診療をしているので、そのような動物病院に就職することも選択肢の1つだろう。

(5)　鳥・エキゾ専門医を目指す

　最後に③の鳥類と爬虫類などエキゾ診療の分野を志向する方への回答を記す。獣医療でも専門医制度が充実してきたことは前述した（第2章）。まず、動物愛護法では哺乳類のみならず、鳥類と爬虫類にも同等に法の網がかけられている（第5章）。そうなると、もし、飼育される鳥類と爬虫類が飼育環境で苦痛のなかに置かれていたら、その原因を確実に把握し、取り除くことが義務づけられたことを意味する。獣医学教育では、限られた哺乳類と（家禽疾病の）鶏しか扱っていない状況で、爬虫類までも追加され、その苦痛を把握する術を学ぶことは不可能である。確かに、コアカリ野生動物学では爬虫類の解剖・生理に関して記され、日本野生動物医学会の学術集会や機関誌にも病理や感染症の研

究論文が扱われているが、苦痛の緩和や麻酔術は試行錯誤の段階にある。

　当然なことに、鳥類と爬虫類の医療について、獣医大の正規課程ではまったく扱ってはいない。もし、より深く学ぶのであるなら、鳥類臨床研究会あるいはエキゾチック動物学会（旧エキゾチックペット研究会）に参加し、先輩専門医の指導のもと、研鑽を積むことを推奨している。独学では独善的であるし、限界があるからだ。

　そのような学会・研究会の年次大会に何度か出席してみれば、どの動物病院が優れた技量を備えたスタッフをそろえているのか、自然に把握されよう。そのなかから自分にとって相性のよさそうな病院に狙いを定め、学生時代のうちに実習をお願いし、就職情報をつねに得られるような状態にしておく。もし、当該動物病院での就職がむずかしくても、同志の動物病院を必ず紹介してもらえるはずだ。そして、そのような病院に就職をしたら、今度は自分が研究を積極的に発表し、かつ新しい知識を吸収し続ける。もちろん、専門医の資格や博士号の学位の取得も目指す。今日では、働きながら学べる社会人大学院制度もかなり充実した。もちろん、可能ならば、また、爬虫類・鳥類医学の先進地である欧米での留学（第2章）も視野に入れたい。

6.2 研究と啓発の両輪で

(1)　それでも救護個体の搬入は続く

　ところで、①の傷病について、今もって釈然とされない方は多いのではないだろうか。あるいは、説明は理解しても、傷病個体自体は今後も確実に現出するだろうし、その痛ましい姿に同情した多くの市民が獣医師のもとを訪れる。その際、その獣医師は彼らになにを語るのだろう。動物愛護法は厳格化したが、救護については具体的な指示がない。もちろん、獣医大でも教えない。けっきょく、対応は獣医師ひとりひとりに任されているに等しい。つまり、対応の仕方は獣医師の数だけ存在すると解されるのだが、参考にWAMCに持ち込まれた場合の対処法を紹介する。

　この問題は複雑なので、持ち込んだ方の年齢に応じたていねいな説明がある。まず、すべての方には、事後報告でよいので、当該動物を連れてきた顛末をそ

図 6–4　鳥類（左）および哺乳類（右）標本を用いた野生動物関係の公開講座の一コマ

の種を所管する地方自治体・国に連絡することを理解していただく。そして、動物を適切に扱う教育機関として、全力で救命あるいは対処することを約束する。このとき、中学生以上ならば、この対処には安楽死も含まれる可能性もあると必ず付け加える。小学生の場合は悩ましいが、親御さんと連れ立ってくることがほとんどなので、親御さんから説明していただくことにする。ドバト・ハシブトガラスなど、外来種・有害捕獲対象種や治療が不可能で予後不良の場合、ほぼまちがいなく安楽死が選択される。

　相手が高校生であった場合、獣医大進学するしないにかかわらず、獣医学・医療の特質と限界、すなわち、鳥類医療技術は非常に遅れていることも伝える。そして、当該個体が死んでも、病原体・汚染物質・遺伝子などの検査や剝製・骨格標本として公開授業で活用することを伝える（図 6-4）。なので、参加してもらえれば、よりくわしく学べることを約束する。

(2)　ゼミ生が教壇に立つ理由

　大人の方には予算の話もする。WAMC は私立大学の付属施設ではあるが、その運営では、文科省や環境省などの競争予算を活用していることである。この原資は税金であるので、そういった方々は納税者であるため、お伝えするのは自明である。そして、このやりとりが〈なぜ、税金を使ってまで、野生動物の疾病を研究するのか〉という根源的疑問に繋がるのは自然である。本書の読者はともかく、一般の方がそのような疑問を持つのは普通である。第 2 章で述べたように、野生動物医学はとても若い学問なので、家畜やペットの疾病研究に比して、国民全体にはまったく浸透していない。そこで、野生動物の研究をす

図 6-5　JSPS 科研費還元事業〈ひらめき☆ときめきサイエンス〜ようこそ大学の研究室へ〉『獣医の卵たちと一緒に、野生動物保護とその病気の関係について考えよう！』の一コマ

るものは、たとえ学生であっても、市民への啓発が必須となる。そのために、WAMC ゼミ生は JSPS 科研費還元事業〈ひらめき☆ときめきサイエンス〜ようこそ大学の研究室へ〉で『獣医の卵たちと一緒に、野生動物保護とその病気の関係について考えよう！』と題し、2 日間の小学生対象の夏休み授業をしている（図 6-5）。

　しかし、その対象は子どもばかりではなく、立ち会っている親御さんにも、科研費研究の目的をしっかり伝えることになり、結果的に納税者への還元事業も兼ねている。WAMC ではこの還元事業を 7 年間連続して行ってきたが、8 回目の 2020 年はコロナ禍で中止となった。じつに残念であり、再開、いや、よりグレードアップして実施したい（もちろん、2021 年度分は応募済）。

　この事業は JSPS 科研費を代表で受けたものが応募できるが、「おわりに」で示した 3 つの課題が保全医学や野生動物医学の課題で採択されてきた。本書の第 3 章および第 4 章の症例の多くは、これらの原資で明らかにできた。ちなみに、テーマに保全医学が含まれるもので採択されたのは、私の課題が初めてであった。

　一方、子どもたちを相手にする学生にとっても得がたい経験となる。たとえば、ゼミ生の多くが園館に就職するが（第 1 章）、まさに、このような施設では訪問者へのガイドは重要な業務である。ところが、学生でも勘違いをしているものがいて、園館に就職しても、人前で解説することを忌避するものがたまにいる。そうすると、周囲との関係を修復不能な状態にまで壊して、退職するものもいると聞く（WAMC 出身ゼミ生ではない）。そのような悲劇に繋がらないように、この企画で思いっきり訓練してもらうのだ。

　以上のように、研究予算は公金であり、目的が明確なので、救護に支弁するのは流用となる。結論からいえば、救護は寄附により行うのが世界標準である。

たとえば、英国では国民約 6000 万人のうち、延べ約 200 万人がその浄財で愛護・救護活動を支えている。もし、救護を税金に頼るとするならば、納税者、すなわち国民へ、われわれが啓発活動をするように、説明責任を果たすことが必要である。いや、その前に、（救護対象動物の）鳥類の基礎知識を得ることのほうが先だろう。戦前の義務教育には博物学が設定されていたが、そのような科目を復活すれば、解決すると思うのだが。

6.3 今後に望むこと

(1) 野生動物感染症研究の専門教育

前々節 ① から ③ で、問い合わせの多い職業分野を紹介したが、本書の主題である野生動物が関わる感染症の職域は触れなかった。問い合わせが少なかったからで、もし、本書により寄生虫や感染症のおもしろさにめざめ、〈一生の職にしよう！〉と決断された方への責任を果たすため補足をする。

まず、国立大学法人の獣医大では、感染症に特化した施設・部門が設置されている。北海道大学・人獣共通感染症リサーチセンター、帯広畜産大学・原虫病研究センター、東京農工大学・国際家畜感染症防疫研究教育センター、鳥取大学・鳥由来人獣共通感染症疫学研究センター、宮崎大学・産業動物防疫リサーチセンターおよび鹿児島大学・越境性動物疾病制御研究センターなどである。また、私立獣医大でも、それぞれ特色ある感染症研究をしているので、しっかりと調べ、大学院進学を検討してほしい。

感染症研究の大部分では、獣医師免許がなくても、実施が可能である。よって、獣医大出身ではなくても、受け入れ可能なゼミが多い。どの大学でも、獣医学専攻の大学院課程には修士課程がなく、博士課程（4 年間）のみなので、非獣医系の場合は、関連する研究で修士課程を修了していたほうが望ましい。感染症に特化した拠点施設やゼミで博士号を得るまで研鑽を積み、職を得ることに挑戦をする。国内でも整備が整いつつあるが、第 2 章で紹介した短期で広範な領域を見渡せる国外専門職大学院にて標的テーマを定め、博士課程で深化させるのもよいだろう。

(2)　大学のセンセイを目指したい？

　ひょっとしたら、こういった獣医大教員を指向される方もいらっしゃるかもしれない。その場合も、まず、教員の基本的な資格である博士号（第1章）を得ておくことが望ましい。私が採用された牧歌的な状況はない。たとえ、博士号なしで助教で採用されたとしても、すぐにこの学位が得られるという条件がほとんどだ。さて、大学教員に採用され、任期制であった場合は（大概はそれだろう）、その間に論文をどんどん公表する。みごと、任期のない教員となっても、昇格や研究費を得るために、論文を書き続けないとならない。研究費は血税なので、納税者への還元事業などが必要だが（前述したばかり）、そのようなことは、（そろそろ先が見えてきた）教授にやらせよう。准教授までは研究中心の生き方をする。

　そう、大学人は〈生き方〉である。そのような点で、ミュージシャンや作家と共通するかもしれない。確かに、大学はサラリーを支払う。私立大の場合、授業費（学生納付金）のほぼ半額が人件費である。したがって、顧客である学生は、教員をどんどん利用すればよいのだが、まあ、それはさておき、そこから、教員は、勤務時間に即し、規定に準じた生物として生きるための給与を得る。しかし、研究、その表現型である論文を完成させるためには、規定に準じた時間など、まったく、おかまいなし。この現状に、多くの教員は、文句をいわない。自分の命と引き換えに作品を世に出しているのだから。

　それに関連するが、大学授業への出欠確認の厳格化が著しく、大学人として忸怩たる思いである。学生が授業に出るのは権利。一方、教員はまともな授業をするのが義務。それ以上でも以下でもない。その学生の権利履行を、それも相当なエネルギー（研究に使うコスト）を使って、教員が調べる意味がわからない。欠席する者は授業料の対価の一部である授業よりも、その学生にとって重要な案件が発生したのだろう。大人でもある学生なのだから、そういう場合もある。とくに、獣医大の授業は共用試験・獣医師国家試験対策が中心なので、もし、その欠席でそのクリアに悪影響があるとしたら出席するだろう。繰り返すが、出欠チェックはナンセンスであるし、大人である学生諸君に対し失礼でもある。やめてほしい。

　ちょっと脱線したが、国民の多くは、このような大学教員の現状をだれも知

らないし、興味もない。声をあげないのだから当然だ。逆に〈大学のセンセイ
は気楽でいいね〉くらいに思っていらっしゃるのだろう。だが、獣医大を含む
大学教員になるというのは、研究中心の生き方をすること。そして、大学の機
能を鑑みた場合、これは当然なのだ（第 2 章）。

　研究者でもある大学教員は、すべての人生を捧げるのだから、論文、すなわ
ち、自分が指向する研究対象のモノゴトは（第 1 章）、慎重に選ばないとならな
い。なので、大学に入る前、自分の人生すべて打ち込んでも悔いはないような
モノゴトが決まっているのが望ましいが、大学の授業で示されるモノゴトの羅
列から選んでも遅すぎはしない。

　もう 1 つが教育である。とくに、私立の獣医大の場合、獣医師国家試験、今
後は動物看護師国家試験の合格率が、すべての物差しとなる。したがって、こ
の合格率が低い場合、生命維持のサラリーをもらいつつ、大学の資源（部屋、備
品、消耗品、光熱水費など）を使っている手前、落ち着いて論文が書けない。な
ので、後顧の憂いなく研究をするため、全力で国試の合格率を上げる。したがっ
て、私にあてがわれた講義時間は、試験対策を最優先。教える内容はコアカリ
で決まっている。このあたりの所作は学校である。〈真の大学教育はこのような
ものではない！〉とのご批判は重々承知。

　したがって、獣医大は資格取得のための学校の機能を有しつつ、真の大学ら
しい創造性を刺激することも図る。加えて、私の場合、次代を担う野生動物医
学や寄生虫病学の人材へ知的好奇心も植えつける。たとえ、専門家にはならな
くても、この分野の素養を具備した獣医師や動物看護師が、全国の動物病院に
存在していれば、いかに頼もしいことか。いや、獣医師資格免許を保持しつつ、
別の職種に就く方、たとえば、本学であっても、プロサッカー選手、落語家、
国政を担う政治家、そして、専業主婦など枚挙にいとまはない。もう一度大学
に入り直して、（人の）医師や看護師になった方もおられる。そのような方にも
肥やしになるような授業をしたい。

　以上のように、研究をしながら、専門学校的な授業をしつつ、人生を豊かに
し、創造性のある学びの機会を提供する。そのようなことを行うのが私立の獣
医大教員の使命である。たいへんであるが、挑戦のしがいはある。

162

（3）　ワンヘルス確立による職創出

　さて、法治国家・日本で、人の生命・健康・福祉に直結するモノゴトは法律で規定され、それを遵守させるため、関連職域が生ずる。なぜならば、国家の血液は税金であり、その税金を生み出すのが人だからである。この本で野生動物の獣医学・獣医療についてかなりのボリュームを割いたため、人にまつわるモノゴトは無関係と思っていたら、完全な誤りである。獣医学・獣医療、そして、獣医師は動物のために存在するわけではない。健康な家畜生産を維持し、人の食資源確保に資する。家族の一員である伴侶動物や円熟した文化の表徴である園館動物の健康を守り、豊かで教養深い人生に貢献する。そして、野生動物の病原体保有状況をモニタリングし、人・家畜における深刻な感染症を予防する。これらは法律で規定され（第5章）、すべてが獣医師の仕事である。これらの多くが社会機能として重要なので、公務員獣医師の職域となる。家畜の検疫（動物検疫所）・防疫（家畜保健衛生所）、食肉検査（食肉検査所）および人の衛生（検疫所、輸入食品検疫検査センター、保健所など）などであり、その業務の大部分が感染症に関わる。今般のCOVID-19の経験から、米国疾病管理センターCDCのような組織が希求されている。韓国や台湾などではすでに設立され、今回も感染制圧で大活躍したのはご存じであろう。

　したがって、感染症の仕事を望むならば、これらの職域を目指してほしい。やりがいのある職務なので、人生をかけて取り組むことになるが、往々にして大きな壁が眼前に現れる。それが行政の縦割りで生じた壁である。直接、人に関わるのが厚生労働省、そして、家畜が農林水産省、野生動物が環境省である。これら国の行政機関は地方自治体にまで拡張され、これらの間の交流はむずかしい。たとえば、北海道庁では、農政部で入庁した場合、保健環境部への異動は不可能である。一方、敵である病原体は、人・家畜・野生動物の壁をものともせず、やすやすと超える（感染する）。

　感染症問題を根本的に解決するには、省庁間の壁を取り払うところから始めないとならない。すなわち、真のワンヘルス（第2章）を目指す。それができるのは、〈ウイルスは人間がつくったものではない。（感染症は）神様が悪い〉と口を滑らすような無知な大臣ではない（第3章）。研究者や現場獣医師が変革当事者となるであろう。

図 6-6　インドネシア・スラウェシ島首都近郊の市場
左：一部店舗の様子、中央：体毛が除去されたオオコウモリ、右：ニシキヘビのぶつ切り（2014 年、著者撮影）

図 6-7　インドネシア・スラウェシ島首都のスーパーマーケット
左：店舗外観、中央：オオコウモリやニシキヘビを牛豚肉と並べて販売、右：オオコウモリが魚、鶏、牛豚肉と一緒に冷凍され販売（2014 年、著者撮影）

　そして、そのような方々へ。第 2、第 3 の COVID-19 は、必ず、来襲する。〈コロナはこわいけど、コウモリのローストは日々の唯一の楽しみ〉とする人々は（図 6-6 および図 6-7）、この世界のどこかに、これからもまちがいなく存在する。また、SDGs の理念は頭で理解はしても、開発をすぐに停止させることはできないし、〈コロナ疲れ〉をしている暇はない。次の準備をしないとならないのだ。

（4）　野生動物との関わりはワンチームで！

　2019 年、動物看護師も国家資格化されたので、獣医師にとって強力な援軍が現れたことになる。こちらの国家資格は、獣医師と異なり、農林水産省ばかりか環境省も共同で付与する。獣医師は、どうしても病気にだけに眼が向く傾向があるが、動物看護師は人（畜主、飼主）と動物、両方に目配せができうる立ち位置にある。したがって、動物看護師は環境と人に対し、獣医師よりもていねいに目配せできうるものと期待される。このような性質から、真のワンヘルス

164

により親和性が強いのである。ロンドン留学中（第2章）、動物と直接対峙する場では、動物看護師からも手厳しく指導され、ちょっとこわかったが、一方で、誇りを持って職務にあたる姿には強く感銘を受けた。どうか、獣医師と補い合い、ワンチーム（前述）で変革を起こしてほしい。

　寄生虫好きが、その由来を明らかにするため、野生動物を材料にせざるをえないことになり、これが理由で野生動物学も教えるようになっただけの者が、ずいぶん、大それた弁である。が、COVID-19 のような野生動物に端を発する感染症は、まちがいなく、これからも来襲する。迎え撃つのは次世代のみなさんであり、個人レベルではご自身の人生をかけ、国家レベルではあらゆるモノゴトを巻き込んだ総力戦となる。これは夢物語ではなく、今、COVID-19 で実見しているのではないか。もし、この本で自分が一生を投じても後悔しないモノゴトを見つけるヒントを得たとしたら幸いである。

おわりに

　野生動物の感染症に関わってきたものの多くが、COVID-19に支配された今、とてつもない虚しさにさいなまれている。あれほど、生態系のバランスを乱したが故に生ずる新興感染症の危険性を喧伝してきたのに、この状況である。野生動物医学あるいは保全医学は、予見はできても、所詮、それ以上でも以下でもない。われわれがとった〈科学的モノゴトはすべて示した。ここからは社会が決めていくだけのこと〉という姿勢は、とどのつまり、狭く、深化した専門分野に逃げ込む態度であり、この本で批判した縦割りを、結果的に肯定していたことになる。今、一般の人々に理解をしていただく努力を怠っていたことを強く後悔している。この後悔心が、この本を生み出した原動力である。そして、もし、COVID-19が収束したら、この国の国民性として、きれいさっぱりなかったことにされるだろう。そのようなことで、なんとしても早期に刊行を目指した（原々案の粗原稿は約1カ月半で脱稿）。

　書物は知識の源泉である。膨大なモノと多様なコトを包含する獣医大の野生動物学を30代半ばで担当することになった私には（第2章）、知識の源泉として多くの本にお世話になった。そのうち、読みっ放しではなく、ゼミ教育の一環で書評・書籍紹介を作成することにした。そのような拙稿が溜まり、奇しくも、COVID-19が燃え広がる直前、2020年1月、それらが編まれた（次ページの写真：ISBN978-4-902786-25-5 C3047）。この冊子は日本動物園水族館協会に登録されている約160園館に送付させていただいたので、もし、実物をご覧になられたい方は、最寄りの施設に併設される資料館で閲覧されるか、バックヤード・ツアーの際に仲良くなった獣医師かキーパーの方々に頼んでほしい。

　この冊子のなかで、群を抜いた対象書籍は東京大学出版会から刊行されたものであった。本書でも参考にしたものも多いし、未収載の最近のものは、「さらに学びたい人へ」で明示した。本書はこのような私たちの書評・書籍紹介活動を全面的に応援してくださった同会編集部の光明義文氏の後押しで上梓された。

166

なお、書評・書籍紹介集では東京大学出版会の本は30冊を超え、今、執筆中の未収載のものを含めると計50冊の作品を評することになる。そのなかに本書が加わることは、たいへんな名誉である。一方、これまでほかの本を遠慮なく切ってきた刀が、今後は自分に振り下ろされると思うと、正直、慄いている。されど、批判、訂正は大歓迎であるし、それがないところに進歩はない。

本書で紹介した事例・症例を得て死傷した数多の動物たちを忘れてはいけない。私のように病態獣医学（第2章）で関わるものは、このような動物に対し独自のサイエンス手法を用いて向かい合い、死を生かすことを学ぶ。したがって、私の研究人生で関わってきた動物たちに謝意を示す。

もちろん、貴重な材料と出会えても、研究には予算が必要である（第6章）。そのため、私が代表となり、2002年から15年間、JSPS科研費（いずれも基盤C）で採択された以下の課題、すなわち、〈陸上脊椎動物と線虫の宿主–寄生体関係に関する保全医学的な試み〉、〈野生動物および動物園動物の保護増殖計画上問題になる寄生線虫症に関する疫学的研究〉および〈動物園水族館動物に密かに蔓延する多様な寄生虫病の現状把握とその保全医学的対応〉は、これを可能とした。もちろん、本書の第3章および第4章の症例の多くは、この予算があって初めて可能となった。配分を決めたのはJSPSあるいは文科省とはいっても、原資は血税である。したがって、全日本国民に深謝したい。

また、このような書物を上梓することは、自分1人で行うため、思いもしない誤りが包含される。したがって、本書粗稿を読み込んでくれた私のゼミ生・研究生諸君、日本野生動物医学会学生部会酪農学園大学支部（ルゥェ）有志諸君および酪農学園大学附属高校獣医進学コースの生徒諸君などのコメントは、非常に重要かつ有益であった。心から感謝したい。野生動物医学の研究・教育を行い、膨大な数の方々にお世話になったが、ほんの一部の方以外はお名前を伏せさせていただいた。

　さらに、すばらしい本書カバーイラストを描いていただいた原画担当の浅山わかび氏（小学館『少年サンデー』などで活躍中の漫画家）、デザイナーの藤澤美映氏、前述の光明氏にお礼を申し上げる。ファンタジー感が漂うものの野生動物学兼任となったドタバタ感がみごとに表現されている。しかし、誤解があってはいけない。猛禽類を含む鳥類では「種の保存法」*（環境省所管）で希少野生動植物種に指定されているモノが含まれる。その場合、同省委託施設（北海道では猛禽類医学研究所やウトナイ湖野生鳥獣保護センターなど）で保護収容・リハビリ放鳥と規定されている。加えて、自治体（北海道では道庁あるいは各市町村など）が独自対応する種もある。したがって、弱っている野生動物を見つけても、WAMC を含む在野の施設に、直接、持ち込むことはせず、まず、環境省の出先機関か自治体の環境部署などに連絡をし、必ず、その指示にしたがってほしい。

　最後に、第 2 章で触れさせていただいた BSE 事案で、あまりにも強い責任感から悲しむべき運命を選択された獣医師に本書を捧げたい。その方は、私に獣医師としての矜持を持たせ、本書執筆をやり遂げる原動力の大きな部分となったのだから。

*：正式には「絶滅のおそれのある野生動植物の種の保存に関する法律」である。規定などに関して環境省北海道地方環境事務所野生生物課の野田英樹氏にご教示いただいた。

さらに学びたい人へ

東京大学出版会の書籍は野生動物医学面でも強力ラインナップである。その紹介は「おわりに」で述べた私が刊行した書評集のなかで紹介している。ここでは、そこに収載されていない最新のものを紹介する（副題は略）。

増田隆一（2017）哺乳類の生物地理学

日本および周辺地域に分布する食肉類をモデルに生物地理学を解説したもので、もちろん、第1章の部分で参考になる。が、分子分類学を専門にしながら、現地調査や人間関係などをとても大切にする様子が活写されている。このような、動物体やラボの内外を軽やかに行き来する姿勢は野生動物医学と共通する。

増田隆一［編］（2018）日本の食肉類

上掲書に引き続き生物地理学の視点から、おもに在来の食肉類に関する最新の知見を紹介したものである。第1章で示した齧歯類を宿主モデルにした宿主–寄生体関係の日本への来歴の研究は、食肉類でも可能ではないかと想像させてくれる楽しい書である。

佐藤直樹（2018）細胞内共生説の謎

本書第1章および第3章で触れる寄生（共生）現象（コト）や原核・真核生物の差異などを理解するうえで参考になる。寄生を理解するためには共生現象というコトの理解が前提となるが、この共生という語の本来の意味を知るうえで有効な書である。

中山裕之（2019）獣医学を学ぶ君たちへ

冒頭、獣医師の職域について具体例をあげ活写されているので、本書第6章の部分と密接に関連する。また、東京大学農学部獣医学科の病理学ゼミの現場

からの話題も楽しいが、とくに、本書と関わる事項としてはストレス指標となる 8-OHdG（本書第 2 章）、法獣医学の後進性（本書第 3 章）および SDGs と獣医学徒の関連性（本書第 6 章）などがあり、参考になる。

羽山伸一（2019）野生動物問題への挑戦
　獣医大の代表的な野生動物ゼミ（本書第 2 章）を主宰する立場から、保護管理（本書第 6 章）や人とのさまざまな関係性を含めた野生動物の諸問題をみごとに俯瞰している。野生動物医学に関わる面として、本書第 3 章で紹介したタスマニアデビルにおける顔面腫瘍の解説は必読である。

金子弥生（2020）里山に暮らすアナグマたち
　野生動物を志向する学生にはいわゆるフィールドワークに憧れが先行する者が散見されるが、その実際の作業、いや、生き方は熾烈である（本書第 6 章）。その厳しさを具体例を示しつつ語られた名著である。また、英国留学のエピソードも、本書第 2 章で触れた内容とも関わり、有益である。

服部薫［編］（2020）日本の鰭脚類
　海生哺乳類の保護管理は水産学の分野であると本書第 6 章で述べた。その具体例が示されている。もちろん、海でフィールドワークを行うとはどのようなことなのかをうかがい知るヒントもあふれている。

船越公威（2020）コウモリ学
　COVID-19 の原因コロナウイルスがコウモリ類が保有していたことは定説になりつつある。今後、発生するであろう本書第 2 章および第 3 章の感染症（本書第 6 章）の影響を少しでも軽減するためにも、コウモリ類の情報を事前に把握しておく必要があろう。この本にはコウモリ類の生態や進化のみならず、コウモリ類が保有する病原体の最新情報も網羅されている。

［参考となる映画］
　野生動物医学、あるいはそのもととなるワンヘルス（本書第 2 章および第 5 章）の概念に影響を与えるであろう映画を紹介する（制作年順）。あくまでも、

私見であることを、お断りしておく。

東急文化配給『マルガ』

　東南アジア各地における野生哺乳類の生態や捕獲、現地の人たちとの繋がりなどを活写した作品。寺田寅彦の随筆でも紹介され、動物どうしの闘争に関して論考していた。しかし、私は、アジアゾウ鼻腔内におびただしい数の回虫類（おそらく *Toxocara elephantis*）が寄生（貯留）したため、その部が膨隆、獣医師（?）が切開し、なかから回虫類が流れ出してきたシーンが衝撃的であった。私がこの映画を観たのは小学3年生のころ（1960年代半ば）、授業の一環で観たが、回虫類のクネクネは、今でも、しっかり脳裏に焼きついている……。

ユナイテッド・アーティスツ配給『終身犯』

　終身刑にあるにもかかわらず、刑務所のなかで、鳥類医学に一生を捧げた研究者の実話をもとにした物語。私が小学生のころ、TVで放映されたものを観て、相当衝撃を受けたのだが、まさか、後年、鳥類臨床研究会の特別顧問となり、同じように執念深く、鳥類医学を追求する人たちと、この国で直に出会うことになろうとは……。

パラマウント映画配給『ハタリ！』

　野生哺乳類を捕獲して世界中の動物園やサーカスに売却する人々の物語。とくに、本書第5章で触れたロケットネットの使用法について、非常に参考になるはず。また、野生動物といえばアフリカというイメージ形成（本書第2章）にも一役買った作品であると思う。どこかで一度は耳にした挿入曲「子象の行進」と一緒に、刷り込まれたはず。

松竹配給『震える舌』

　破傷風を発症した少女とその闘病を支えた父母の物語で、三木卓の小説の映画化。獣医大では本学含め、破傷風ワクチン接種を行っているが、接種する者が減少しているという。しかし、この映画の少女が苦悶する姿を実見すれば、みな、その接種を受けることまちがいなし。それほどまでに、すばらしい演技！なお、野生動物医学に関わるものは、絶対にこのワクチンは受ける。加えて、

英国・野生動物医学専門職修士課程（本書第2章）入学条件は、破傷風のほか、狂犬病とA型およびB型肝炎のワクチン接種も必須。自分の身は自分で守るのは、基本のキ！

ユニバーサル・ピクチャーズ配給『ロレンツォのオイル』

　息子（ロレンツォ）が罹患した副腎疾病の治療法を探す父母の実話をもとにした物語。解決策を探す過程で、犬治療薬の研究がヒントになる場面がある。獣医療薬というと、まず、人の医薬が先で、後に動物に転用されるという先入観があろう。しかし、逆もあるという、いわば医学と獣医学の垣根を超えたワンヘルス実践の一例。じつは、大村先輩が開発されたイベルメクチン（本書第1章および第4章）も、当初は動物薬として開発されたのだ。

参考文献

　ここに示すものは本文作成上，参考（引用）したうち，私が著者として関わった論文などを明示した．すでにそれが引用された総説・解説があればそちらを優先的に示した．配列は本文の流れや刊行年に概ね沿う．これら以外で参考になるものは，本書の「さらに学びたい人へ」や「おわりに」で示した書評・書籍集の収載書籍となる．また，「著者略歴」主著にも参考となる書物がある．

[第1章]
[宿主–寄生体関係の生物地理]
浅川満彦．1995．日本列島産野ネズミ類に見られる寄生線虫相の生物地理学的研究——特にヘリグモソーム科線虫の由来と変遷に着目して．酪農学園大学紀要自然科学編 19: 285–379．酪農学園大学学術研究コレクションにて公開　https://rakuno.repo.nii.ac.jp/?action=pages_view_main&active_action=repository_view_main_item_detail&item_id=4271&item_no=1&page_id=13&block_id=37
浅川満彦．2005．齧歯類と線虫による宿主–寄生体関係の動物地理．（増田隆一・阿部永，編）動物地理の自然史——生物多様性の謎を解く．北海道大学図書刊行会，札幌: 111–125．
[両生類の蠕虫]
Hasegawa, H. and Asakawa, M. 2004. Parasitic nematodes recorded from wild amphibians and reptiles in Japan. Current Herpetology 23: 27–35.
西川清文・森昇子・更科美帆・吉田剛司・浅川満彦．2012．北海道に国内外来種として定着したカエル類の寄生蠕虫．日本生物地理学会会報 67: 237–239．
高木佑基・更科美帆・吉田剛司・浅川満彦．2013．北海道に定着したウシガエル Lithobates catesbeianus の寄生蠕虫類に関する予備的報告．日本生物地理学会会報 68: 113–115．
西川清文・森昇子・白木雪乃・佐藤伸高・福井大祐・長谷川英男・浅川満彦．2014．国内外来種として北海道に定着したアズマヒキガエル Bufo japonicus formosus の寄生蠕虫類．日本野生動物医学会誌 19: 27–29．
田中祥菜・田口勇輝・野田亜矢子・野々上範之・浅川満彦．2016．動物園飼育下オオサンショウウオ（Andrias japonicus）における寄生虫学的調査．日本野生動物医学会誌 21: 137–140．
浅川満彦．2020．オオサンショウウオの健康管理は，まず，寄生虫検査から．すづくり（広島市安佐動物公園），(49): 10–11．
岩井匠・松倉未侑・鈴木夏海・三輪恭嗣・浅川満彦．2020．Hexametra 属幼虫による飼

174

育アズマヒキガエル（*Bufo japonicus formosus*）体表腫瘍形成の一例．日本獣医エキ
ゾチック動物学会誌 2: 28-2.

[第2章]
[保全医学の概念とコアカリ〈野生動物学〉]

浅川満彦・村田浩一．2005．保全医学としての野生動物感染症学の現状──米国動物園
　獣医師会・米国野生動物獣医師会・野生動物病理学会2004年合同大会の演題を例に
　して．Zoo and Wildlife Medicine（日本野生動物医学会）（20）: 16-21.

浅川満彦．2006．「保全医学」の現在と今後──日本産野生哺乳類を事例に．Animate 特
　別号 1: 116-123.

浅川満彦．2008．保全医学に関する専門教育の現状と今後．酪農学園大学紀要自然科学
　編 32: 169-178.

浅川満彦・萩原克郎・辻正義・菊池直哉．2006．酪農学園大学野生動物医学センターを
　基盤に置いた野生哺乳類対象の保全医学研究事例．獣医寄生虫学会誌 5: 19-23.

浅川満彦．2019．コアカリ「野生動物学」現行教育内容に関しての検討事項．Zoo and
　Wildlife News（野生動物医学会ニュースレター）（48）: 9-11.

浅川満彦．2020．認定動物看護師教育カリキュラムにおける野生動物学の教育概要と課
　題──応用動物看護学の新刊教科書を題材に．Zoo and Wildlife News（野生動物医
　学会ニュースレター）（50）: 13-16.

[研究事例──展示動物のストレス検出]

大島由子・水尾愛・洲鎌圭子・伊谷原一・上林亜紀子・高橋悟・志村良治・大沼学・翁
　長武紀・萩原克郎・浅川満彦．2012．市販尿中 8-hydroxyguanosine（8-OHdG）量測
　定 ELISA キットを飼育下チンパンジー（*Pan troglodytes*）に応用した一例．動物園
　水族館誌 52: 140-144.

大沼学・浅川満彦・村田浩一・伊谷原一．2011．酸化ストレス評価に対する尿中
　8-hydroxyguanosine（8-OHdG）量測定 ELISA キットを飼育下霊長類への試行研究
　──最近の概要紹介．ヒトと動物の関係学会誌（30）: 70-73.

Mizuo, A., Ohshima, Y., Imanishi, R., Kitada, Y., Kasahara, M., Wada, S., Matsunaga, M.,
　Takai, S., Onuma, M., Onaga, T., Hagiwara, K., Sanada, Y. and Asakawa, M. 2009.
　Preliminary research on the excretion of urinary 8-hydroxyguanosine（8-OHdG）as a
　marker of protozoan parasites infection in captive western lowland gorillas（*Gorilla
　gorilla gorilla*）. Japanese Journal of Zoo and Wildlife Medicine 14: 77-80.

秋葉悠希・吉田淳一・高江洲昇・石橋佑規・渡辺洋子・竹田正裕・石井和子・岩田光一・
　山本達也・小出健太郎・平田晴之・翁長武紀・岩野英知・横田博・浅川満彦．2018．
　飼育類人猿の糞便による寄生虫保有状況の検査とコルチゾル値測定事例．日本野生
　動物医学会誌 23: 27-31.

[国外における野生動物医学の専門教育]

浅川満彦・齋藤慶輔．2005．野生動物医学修士課程開講10周年記念シンポ──関連分野

への人材供給の足跡．Zoo and Wildlife Medicine（日本野生動物医学会）（20）: 13-15.

浅川満彦．2008．国内外における保全医学およびこれに関連する分野の専門職大学院最新情報．Zoo and Wildlife Medicine（日本野生動物医学会）（26）: 10-13.

浅川満彦．2019．英国の野生動物医学修士課程における爬虫類医療に関する教育内容．日本獣医エキゾチック動物学会誌 1: 11-13.

浅川満彦．2013．スイス連邦共和国チューリッヒ大学獣医学部視察報告．畜産の研究 65: 1093-1096.

［新世紀前後の感染症動向と WAMC］

浅川満彦．2012．総合診療医の皆さんが心得ておいて頂きたい野生動物が関わる感染症．日本病院総合診療医学会誌（3）: 8-12.

浅川満彦・谷山弘行．2004．獣医師会・行政組織・大学・研究機関との連携による調査体制と酪農学園大学野生動物医学センターの役割．北海道獣医師会誌 48: 424-429.

浅川満彦．2020．SDGs と関連した酪農学園大学野生動物医学センター WAMC の諸活動．北海道獣医師会誌 64: 106-110.

［第 3 章］
［感染症・中毒と医動物学の概要］

Asakawa, M., Nakamura, S. and Brazil, M. A. 2002. An overview of infectious and parasitic diseases in relation to the conservation biology of the Japanese avifauna. Journal of the Yamashina Institute for Ornithology 34: 200-221.

浅川満彦．2004．ツル類の感染症とその対策．野鳥（671）: 13.

浅川満彦．2004．野鳥もかかれば大量死？ 鳥の感染症の話——森の野鳥に学ぶ 101 のヒント．日本林業技術協会．東京: 144-145.

Nakade, T., Tomura, Y., Jin, K., Taniyama, H., Yamamoto, M., Kikkawa, K., Miyagi, K., Uchida, E., Asakawa, M., Mukai, T., Shirasawa, M. and Yamaguchi, M. 2005. Lead poisoning in whooper and whistling (tundra) swans. Journal of Wildlife Diseases 41: 256-259.

長雄一・金子正美・浅川満彦．2007．環境省環境技術開発等推進費「野生鳥類の大量死の原因となり得る病原体に関するデータベースの構築」．全国都道府県環境研究所連合会報（105）: 194-200.

平山琢朗・牛山喜偉・長雄一・浅川満彦．2014．最近記録された日本における野生鳥類の感染症あるいはその病原体概要．Bird Research 10: V1-V13.

Hirayama, T., Ushiyama, K., Osa, Y. and Asakawa, M. 2013. Recent infectious diseases or their responsible agents recorded from Japanese wild birds. In (Ruiz, L. and Iglesias, F. eds.) Birds: Evolution and Behavior, Breeding Strategies, Migration and Spread of Disease. Nova Science, New York: 83-95.

浅川満彦．2014．日本産野生動物の感染症とその制御．日本大学生物資源科学部国際地域研究所叢書 28: 115-126.

浅川満彦. 2019. 酪農学園大学獣医学類獣医寄生虫病学ユニットの研究概要と今後——医動物学を冠したユニット名称への変更にあたり. 酪農学園大学紀要自然科学編 44: 77-90.

［ウイルスによる疾病］

Murata, S., Chang, K.-S., Yamamoto, Y., Okada, T., Lee, S.-I., Konnai, S., Onuma, M., Osa, Y., Asakawa, M. and Ohashi, K. 2007. Detection of the Marek's disease virus genome from feather tips of wild geese in Japan and the Far East region of Russia. Archives of Virology 152: 1523-1526.

萩原克郎・辻正義・川渕貴子・鳥居春己・小林朋子・浅川満彦・石原智明. 2008. 奈良公園におけるニホンジカ Cervus nippon の E 型肝炎ウイルス疫学調査. 日本野生動物医学会誌 13: 35-37.

Hagiwara, K., Tsuge, Y., Asakawa, M., Kabaya, H., Okamoto, M., Miyasho, T., Taniyama, H., Ishihara, C., J. Carlos de la Torre and Ikuta, K. 2008. Borna disease virus infection in Japanese macaques（Macaca fuscata）. Primate 49: 57-64.

Arai, S., Ohdachi, S. D., Asakawa, M., Kang, H. J., Mocz, G., Arikawa, J., Okabe, N. and Yanagihara, R. 2008. Molecular phylogeny of a newfound hantavirus in the Japanese shrew mole（Urotrichus talpoides）. Proceedings of the National Academy of Sciences of the United States of America 105: 16296-16301.

Hagiwara, K., Matoba, Y. and Asakawa, M. 2009. Borna disease virus in raccoons（Procyon lotor）in Japan. Journal of Veterinary Medical Science 71: 1009-1015.

Ishihara, R., Hatama, S., Uchida, I., Matoba, Y., Asakawa, M. and Kanno, T. 2009. Serological evidence of coronavirus infection in feral raccoons in Hokkaido, Japan. Japanese Journal of Zoo and Wildlife Medicine 14: 107-109.

Saito, M., Osa, Y. and Asakawa, M. 2009. Antibodies to flaviviruses in wild ducks captured in Hokkaido, Japan: Risk assessment of invasive flaviviruses. Vector-Borne and Zoonotic Diseases 9: 253-258.

大沼学・桑名貴・浅川満彦. 2010. タンチョウ（Grus japonensis）をモデルとしたウエストナイルウイルスによる希少鳥類絶滅可能性評価. 北海道獣医師会誌 54: 311-312.

Saito, M., Ito, T., Nagamine, T., Takara, J., Osa, Y., Shirafuji, H., Onuma, M., Tamanaha, S., Nakata, K., Ogura, G., Kuwana, T., Tadano, M., Endoh, D. and Asakawa, M. 2011. Trials for risk assessment of Japanese encephalitis based on serologic survey of wild birds and animals. In（Ru°žek, D. ed.）Flavivirus Encephalitis. InTech, Croatia: 427-438.

Murata, S., Hayashi, Y., Kato, A., Isezaki, M., Takasaki, S., Onuma, M., Osa, Y., Asakawa, M., Konnai, S. and Ohashi, K. 2012. Surveillance of Marek's disease virus in migratory and sedentary birds in Hokkaido, Japan. Veterinary Journal 192: 538-540.

鈴木瑞穂・大久保聖子・川道美枝子・浅川満彦・萩原克郎. 2012. ハクビシン（Paguma larvata）における E 型肝炎ウイルスの疫学調査. 第 18 回日本野生動物医学会大会講

演要旨集．北里大学: 58.

Asakawa, M., Nakade, T., Murata, S., Ohashi, K., Osa, Y. and Taniyama, H. 2013. Recent viral diseases of Japanese anatid with a fatal case of Marek's disease in an endangered species, white-fronted goose (*Anser albifrons*). In (Hambrick, J. and Gammon, L. T. eds.) Ducks: Habitat, Behavior and Diseases. Nova Science, New York: 37–48.

立本完吾・川村卓史・石井奈穂美・名切幸枝・羽山伸一・中西せつ子・近江俊徳・浅川満彦・萩原克郎．2016．東北地方のニホンザル（*Macaca fuscata*）におけるボルナ病ウイルス抗体保有状況．第22回日本野生動物医学会大会講演要旨集，宮崎大学: 91.

［細菌・真菌による疾病と死因解析］

浅川満彦．2006．我が国の獣医学にも法医学に相当するような分野が絶対に必要！――鳥騒動の現場から．Zoo and Wildlife Medicine（日本野生動物医学会）(22): 46–53.

吉識綾子・的場洋平・浅川満彦・高橋樹史・中野良宣・菊池直哉．2012．北海道のアライグマからのレプトスピラの分離と抗体調査．獣医疫学雑誌 15: 100–105.

篠田理恵・飯間裕子・増田修・豊崎浩司・高鳥浩介・岡本実・谷山弘行・浅川満彦．2012．飼育アカウミガメ *Caretta caretta* で経験された真菌感染症例．日本野生動物医学会誌 17: 127–130.

Fukui, D., Takahashi, K., Kubo, M., Une, Y., Kato, Y., Izumiya, H., Teraoka, H., Asakawa, M., Yanagida, K. and Bando, G. 2014. Mass mortality of Eurasian tree sparrow (*Passer montanus*) from *Salmonella Typhimurium* DT40 in Japan, winter 2008-2009. Journal of Wildlife Diseases 50: 484–495.

浅川満彦．2016．ヒメネズミ肺に認められた真菌病アディアスピロミコーシス．Animate (13): 87–88.

村田亮・森本大貴・内田郁夫・浅川満彦・鳥居春己・高野彩子．2019．大阪のヌートリアにおけるレプトスピラ浸潤状況調査．日本家畜衛生学会第91回大会講演要旨集．Meiji Seika ファルマ．東京: 114–115.

浅川満彦・吉野智生．2021．酪農学園大学野生動物医学センター WAMC に依頼された死因解析等法獣医学に関わる報告集．酪農学園大学社会連携センター，江別市: 178 pp.

［第4章］

［原虫による疾病］

松本紀代恵・浅川満彦．2001．北海道利尻島で有害駆除されたウミネコの内部寄生虫調査．利尻研究 (20): 9–18.

久田裕子・齋藤慶輔・浅川満彦．2004．北海道産シマフクロウ（*Ketupa blakistoni blakistoni*）における住血原虫ヘモプロテウス属の感染状況．日本野生動物医学会誌 9: 85–90.

Murata, K., Tamada, A., Ichikawa, Y., Hagihara, M., Sato, Y., Nakamura, H., Nakamura, M., Sakanakura, T. and Asakawa, M. 2007. Geographical distribution and seasonality

178

of the prevalence of *Leucocytozoon lovati* in Japanese rock ptarmigans (*Lagopus mutus japonicus*) found in the Alpine Regions of Japan. Journal of Veterinary Medical Science 62: 171–176.

Murao, T., Omata, Y., Kano, R., Murata, S., Okada, T., Konnai, S., Asakawa, M., Ohashi, K. and Onuma, M. 2008. Serological survey of *Toxoplasma gondii* in wild waterfowl in Chukotka, Kamchatka, Russia and Hokkaido, Japan. Journal of Parasitology 94: 830–833.

西森（大塚）永利子・真田直子・真田靖幸・竹内好恵・浅川満彦．2009．飼育下鳥類における消化管寄生原虫類の保有状況とその検査・駆虫に関する一試み．鳥類臨床研究会会報（12）：9–23.

佐藤梓・小泉純一・水主川剛賢・大坂豊・浅川満彦．2017．飼育下のカンムリシロムク *Leucopsar rothschildi* におけるコクシジウム類アトキソプラズマ *Atoxoplasma* のオーシスト保有状況の検査．鳥類臨床研究会会報 20: 25–27.

Kakogawa, M., Ono, F., Inumaru, M., Sato, Y. and Asakawa, M. 2019. Detectiob of avian haemodporidia from captive musophagid birds at a zoological garden in Japan. Journal of Veterinary Medical Science 81: 1892–1895.

［蠕虫による疾病］

Asakawa, M., Taniyama, H., Nakade, T. and Kamegai, S. 1997. First record of the cyclocoelid, *Hyptiasmus* sp., from Whooper Swan in Japan. Japanese Journal of Ornithology 46: 133–135.

Murata, K., Asakawa, M., Noda, A., Yanai, T. and Masegi, T. 1997. Fatal eustrongylidosis in an immature wild little grebe (*Tachybaptus ruficollis*) from Japan. Japanese Journal of Zoo and Wildlife Medicine 2: 87–90.

長谷川英男・浅川満彦．1999．陸上動物の寄生虫相．（亀谷了・大鶴正満・林滋生，監修）日本における寄生虫学の研究　第 6 巻．目黒寄生虫館，東京: 129–146.

Murata, K. and Asakawa, M. 1999. First report of *Thelazia* from a captive Oriental White Stork (*Ciconia boyciana*) in Japan. Journal of Veterinary Medical Science 60: 93–95.

浅川満彦・松本紀代恵・佐藤雅彦．1999．利尻島および礼文島で発見された鳥類の内部寄生蠕虫類（予報）．利尻研究（18）：97–106.

浅川満彦・中村茂・小西敢．2000．クッチャロ湖で死亡したコハクチョウの住血吸虫科吸虫．北海道獣医師会誌 44: 326.

Nakamura, S. and Asakawa, M. 2001. New record of parasitic nematodes from five species of the order Anseriformes in Hokkaido, Japan. Japanese Journal of Zoo and Wildlife Medicine 6: 27–33.

Hasegawa, H. and Asakawa, M. 2003. Parasitic helminth fauna of terrestrial vertebrates in Japan. In (Otsuru, M., Kamegai, S. and Hayashi, S. eds.) Progress of Medical Parasitology in Japan, Vol. 7. Meguro Parasitological Museum, Tokyo: 129–145.

浅川満彦．2003．走鳥類の寄生虫病学概論．日本ダチョウ・走鳥類研究会誌（3）：19–25.

浅川満彦・長谷川英男．2003．日本で記録された鳥類と哺乳類の寄生線虫類．日本生物地理学会会報 58：79–93.

中村茂・吉野智生・佐藤準・千葉晃・浅川満彦．2004．新潟産野生鳥類の寄生蠕虫類の記録．日本鳥学会誌 52: 116–118.

Sato, A., Nakamura, S., Takeda, M., Murata, K., Mitsuhashi, Y., Kawai, N., Tanaka, N. and Asakawa, M. 2005. Parasitic helminths from exhibited avian species kept in Kinki District in Japan. Japanese Journal of Zoo and Wildlife Medicine 10: 35–38.

Yoshino, T., Onuma, M., Nagamine, T., Inaba, M., Kawashima, T., Murata, K., Kawakami, K., Kuwana, T. and Asakawa, M. 2008. First record of the genus *Heterakis*（Nematoda: Heterakidae）obtained from two scarce avian species, Japanese rock ptarmigan（*Lagopus mutus japonicus*）and Okinawa rails（*Gallirallus okinawae*）, in Japan. Japanese Journal of Nematology 38: 89–92.

吉野智生・長雄一・遠藤大二・金子正美・高田雅之・田村豊・大沼学・桑名貴・浅川満彦．2008．野生鳥類の寄生蠕虫類を対象にした地理情報システム（GIS）を用いた空間疫学的解析の一例．日本生物地理学会会報 63: 217–222.

Zhao, C., Onuma, M., Asakawa, M. and Kuwana, T. 2009. Preliminary studies on developing a nested PCR assay for molecular diagnosis and identification of nematode（*Heterakis isolonche*）and trematode（*Glaphyrostomum* sp.）in Okinawa rail（*Gallirallus okinawae*）. Veterinary Parasitology 163: 156–160.

Yoshino, T., Nakamura, S., Endoh, D., Onuma, M., Osa, Y., Teraoka, H., Kuwana, T. and Asakawa, M. 2009. A helminthological survey of four families of waterfowl（Ardeidae, Rallidae, Scolopacidae and Phalaropodidae）in Hokkaido, Japan. Journal of the Yamashina Institute for Ornithology 41: 42–54.

Ushigome, N., Yoshino, T., Suzuki, Y., Kawajiri, M., Masaki, K., Endo D. and Asakawa, M. 2010. Three species of the genus *Heterakis*（Nematoda: Heterakidae）from a captive Satyr Tragopan（*Tragopan satyra*）（Aves）in a zoological garden. Nematological Research 40: 21–23.

Ito, H., Yoshino, T., Endo, D., Fujimaki, Y., Nakamura, S., Nakada, T., Osa, Y. and Asakawa, M. 2012. Parasitic helminths obtained from the Hazel Grouse, *Bonasa bonasia vicinitas* Riley, 1915, in Hokkaido and Russia. Japanese Journal of Zoo and Wildlife Medicine 17: 21–25.

吉野智生・東野晃典・遠藤大二・浅川満彦．2011．アフリカハゲコウから検出された *Balfouria monogama* Leiper, 1908（Trematoda: Echinostomatidae）の形態と病理．獣医畜産新報 64: 133–136.

Yoshino, T., Kawakami, K., Hayama, H., Ichikawa, N., Azumano, A., Nakamura, S., Endoh, D. and Asakawa, M. 2011. A parasitological survey of introduced birds in Japan. Journal of the Yamashina Institute for Ornithology 43: 65–73.

Onuma, M., Yoshino, T., Zhao, C., Nagamine, T. and Asakawa, M. 2011. Parasitic helminths obtained from Okinawa rails, *Gallirallus okinawae*. Journal of the Yamashina Institute for Ornithology 43: 74–81.

Onuma, M., Yoshino, T., Mizuo, A., Kakogawa, M. and Asakawa, M. 2011. First host record of *Porrocaecum semiteres*（Zeder, 1800）Baylis, 1920（Nematoda: Ascaridoidea）obtained from a Superb Starling, *Lamprotornis superbus* Ruppell, 1845 with an overview of the genus *Porrocaecum* recorded from Japanese birds. Biogeography 13: 59–63.

吉野智生・星野（大塚）浩子・向井猛・遠藤大二・長雄一・藤井啓・浅川満彦. 2011. 動物園飼育ソウシチョウ *Leiothrix lutea* から得られた *Hartertia* sp.（Nematoda: Spiruroidea）の初記録. 北海道獣医師会誌 56: 593–596.

吉野智生・遠藤大二・大沼学・長雄一・斎藤美加・桑名貴・浅川満彦. 2012. 北海道におけるアイガモの寄生蠕虫類検査. 獣医疫学雑誌 15: 106–109.

Yoshino, T., Hayakawa, D., Yoshizawa, M., Osa, Y. and Asakawa, M. 2012. First record of *Strongyloides avium* Cram, 1929（Nematoda: Rhabditoidea）obtained from a Fairy Pitta, *Pitta brachyura nympha* Temminck & Schlegel, 1850, kept in zoological garden. Bulletin of the Tokushima Prefectural Museum（22）: 1–6.

Onuma, M., Zhao, C., Asakawa, M., Nagamine, T. and Kuwana, T. 2012. Duplex real-time PCR assay for the detection of two intestinal parasites, *Heterakis isolonche* and *Glaphyrostomum* sp., in Okinawa rail（*Gallirallus okinawae*）. Japanese Journal of Zoo and Wildlife Medicine 17: 27–31.

Yoshino, T., Yanai, T., Asano, M. and Asakawa, M. 2012. First record of *Porrocaecum depressum*（Nematoda: Ascaridoidea）, *Craspedorrhynchus* sp. and *Degeeriella* sp.（Insecta: Psocodea）obtained from a Hodgson's Hawk Eagle, *Spizaetus nipalensis*, in Gifu Prefecture, Japan. Biogeography 14: 143–148.

植松淳・金坂裕・浅川満彦. 2012. カワウの気嚢から見出された旋尾線虫類 *Desmidocercella incognita* の記録. 鳥類臨床研究会会報（15）: 15–16.

Yoshino, T. and Asakawa, M. 2013. A brief overview of parasitic nematodes recorded from waterfowls on Hokkaido, Japan. In（Hambrick, J. and Gammon, L. T. eds.）Ducks: Habitat, Behavior and Diseases. Nova Science, New York: 59–64.

吉野智生・小高信彦・齋藤恭子・相澤空見子・植野道章・浅川満彦. 2014. 沖縄県内で採集された鳥類から得られた寄生蠕虫類の記録. 沖縄生物学会誌（52）: 1–9.

Yoshino, T., Hama, N., Onuma, M., Takagi, M., Sato, K., Matsui, S., Hisaka, M., Yanai, T., Ito, H., Urano, N., Osa, Y. and Asakawa, M. 2014. Isolation of filarial nematodes belonging to the superorders Diplotriaenoidea and Aproctoidea from wild and captive birds in Japan. Journal of Rakuno Gakuen University 38: 139–148.

Ohshima, Y., Yoshino, T., Mizuo, A., Shimura, R., Iima, H., Uebayashi, A., Osa, Y., Onuma, M., Murata, K. and Asakawa, M. 2014. A helminthological survey on Tancho *Grus japonensis* in Hokkaido, Japan. Japanese Journal of Zoo and Wildlife Medicine 19:

31–35.

Okumura, C., Hirayama, T., Kakogawa, M. and Asakawa, M. 2014. Case report of a dyspneic red-billed hornbill parasitized by cyclocoelid trematodes in Jurong Bird Park, Singapore. Japanese Journal of Veterinary Parasitology 37: 13–15.

吉野智生・黒沢信道・浅川満彦．2015．アカエリカイツブリ Podiceps grisegena から得られた円葉条虫類．酪農学園大学紀要自然科学編 40: 7–9.

牛山喜偉・平山琢朗・角田真穂・渡邊有希子・齊藤慶輔・吉野智生・浅川満彦．2016．リハビリテーションおよび終生飼育下ウミワシ類の寄生蠕虫に関しての予備的検査．エキゾチック診療（27）: 103–107.

金谷麻里杏・奥村ちはる・浅川満彦．2016．新興呼吸器病の起因吸虫 Cyclocoelidae 科の展示ムクドリ類における事例と予防．鳥類臨床研究会会報（19）: 13–15.

吉野智生・盛田徹・村田浩一・畑大二郎・葉山久世・長雄一・遠藤大二・浅川満彦．2017．酪農学園大学野生動物医学センターで記録された野鳥寄生性ヒル類（Hirudinea）．Reserch of One Health 2017/Sept.: 1–7.

佐藤梓・村田浩一・池辺祐介・外平友佳理・浅川満彦．2017．本州に所在する動物園展示動物から得られた寄生蠕虫類．Clinic Note（139）: 84–87.

金谷麻里杏・日名耕司・巌城隆・吉野智生・浅川満彦．2019．西表島内で死体として発見された野生鳥類における寄生蠕虫類の保有状況．沖縄生物学会誌（57）: 195–200.

金谷麻里杏・長濱理生子・下川英子・小澤賢一・水主川剛毅・浅川満彦．2018．本州動物園の展示水鳥類で得られた寄生虫 3 事例——寄生虫病診断と予防の観点から．鳥類臨床研究会会報（20）: 44–45.

Yoshino, T., Iima, H., Matsumoto, F. and Asakawa, M. 2019. First record of Cyathostoma（Hovorkonema）sp.（Nematoda: Syngamidae）obtained from a Red-crowned Crane, Grus japonensis, in Kushiro, Hokkaido, Japan. Nematological Research 49: 7–11.

近本翔太・奥村ちはる・佐々木梢・浅川満彦．2019．ジュロン・バードパークで検出された寄生蠕虫類に関する分類と疾病に関する続報．鳥類臨床研究会会報（22）: 14–15.

内匠夏奈子・羽賀淳・岩田律子・中村織江・大沼学・長嶺隆・中谷裕美子・浅川満彦．2019．国立環境研究所における絶滅危惧鳥類遺伝資源保存事業で得られた消化管材料から見出された寄生蠕虫類．獣医寄生虫学会誌 18: 72–75.

白井温・小亀舜・松田一哉・浅川満彦．2019．シラコバト Streptopelia decaocto 若鳥におけるハトカイチュウ Ascaridia columbae の濃厚寄生症例．鳥類臨床（23）: 20–21.

［偽寄生と古寄生虫学］

浅川満彦・的場洋平・佐鹿万里子．2004．北海道森町倉知川右岸遺跡のタヌキ溜糞と推定された灰状堆積物から検出された小哺乳類の同定および寄生蠕虫類虫卵検査について．北海道埋蔵文化財センター調査報告 196: 329–332.

浅川満彦・渡邉秀明・的場洋平．2007．北海道厚真町上幌内モイ遺跡　擦文文化期の土坑底堆積物の寄生蠕虫類虫卵検査結果．厚幌ダム建設事業に係わる埋蔵文化財発掘調査報告書 2．厚真町教育委員会，厚真町: 323–325.

182

谷口萌・二井綾子・浅川満彦. 2019. フンボルトペンギンに餌として与えた淡水魚の吸虫が偽寄生した例. MP アグロジャーナル（36）: 45-46.

[節足動物による疾病]

浅川満彦. 2000. 道内ダチョウ牧場での寄生虫学的予備調査ならびに走鳥類の寄生虫について. 北海道獣医師会誌 44: 296-299.

Nakamura, S., Morita, T. and Asakawa, M. 2003. New host records of arthropod parasites from sea birds in Hokkaido, Japan. Japanese Journal of Zoo and Wildlife Medicine 8: 131-133.

吉野智生・川上和人・佐々木均・宮本健司・浅川満彦. 2003. 日本における外来鳥類ガビチョウ *Garrulax canorus* およびソウシチョウ *Leiothrix lutea*（スズメ目: チメドリ科）の寄生虫学的調査. 日本鳥学会誌 51: 39-42.

Yoshino, T., Shingaki, T., Onuma, M., Kinjo, T., Yanai, T., Fukushi, H., Kuwana, T. and Asakawa, M. 2009. Parasitic helminths and arthropods of the Crested Serpent Eagle, *Spilornis cheela perplexus* Swann, 1922 from the Yaeyama Archipelago, Okinawa, Japan. Journal of the Yamashina Institute for Ornithology 41: 55-61.

Ushiyama, K., Yoshino, T., Hirayama, T., Osa, Y. and Asakawa, M. 2013. An overview of recent parasitic diseases due to helminths and arthropods recorded from wild birds, with special reference to conservation medical cases from the Wild Animal Medical Center of Rakuno Gakuen University in Japan. In（Ruiz, L. and Iglesias, F. eds.）Birds: Evolution and Behavior, Breeding Strategies, Migration and Spread of Disease. Nova Science, New York: 127-142.

Yoshino, T., Ushiyama, K. and Asakawa, M. 2016. Ticks and mites from a survey of wild birds performed by the Wild Animal Medical Center of Rakuno Gakuen University in Japan. Journal of the Acarological Society of Japan 25（S1）: 189-192.

Yoshino, T. and Asakawa, M. 2020. *Ornithomya fringillina*（Diptera: Hippoboscidae）collected from a Goldcrest, *Regulus regulus* in Kushiro, Hokkaido, Japan. Biogeography 22: 13-14.

鈴木夏海・高木龍太・森さやか・浅川満彦. 2019. ハリオアマツバメ（*Hirundapus caudacutus*）の雛救護時に見出されたハジラミ類. 北海道獣医師会誌 63: 538-539.

丸山雄嗣・竹中万紀子・浅川満彦. 2020. ワクモ（*Dermanyssus gallinae*）が濃厚寄生したコムクドリ（*Agropsar philippensis*）症例とそのヒト刺咬事例について. 鳥類臨床 25: 10-12.

[第 5 章]
[攪乱された宿主-寄生体関係と被災地調査]

浅川満彦. 2002. 輸入ペットの寄生蠕虫類——宿主-寄生体関係の均衡を乱すエイリアン.（日本生態学会，編）外来種ハンドブック. 地人書館，東京: 220-221.

Asakawa, M. 2005. Perspectives of host-parasite relationships between rodents and nematodes in Japan. Mammal Study 30: S95–S99.

浅川満彦. 2005. 外来種介在により陸上脊椎動物と蠕虫との関係はどうなったのか？——外来種問題を扱うための宿主-寄生体関係の類型化. 保全生態学研究 10: 173–183.

Asakawa, M., Sainsbury, A. W. and Sayers, G. 2006. Nematode infestation with *Heligmosomoides polygyrus* in captive common dormice（*Muscardinus avellanarius*）. Veterinary Record 158: 667–668.

Matoba, Y., Yamada, D., Asano, M., Oku, Y., Kitaura, K., Yagi, K., Tenora, F. and Asakawa, M. 2006. Parasitic helminths from feral raccoons（*Procyon lotor*）in Japan. Helminthologia 43: 139–146.

浅川満彦. 2010. 我が国における爬虫類および鳥類の野生種と蠕虫の宿主・寄生体関係とその外来種問題. 寄生虫分類形態談話会会報（26）: 1–4.

蒔田浩平・伊下一人・茅野大志・萩原克郎・浅川満彦・小川健太・能田淳・佐々木均・中谷暢丈・樋口豪紀・岩野英知・田村豊. 2012. 宮城県石巻市津波被災地域における環境リスクの評価. 獣医疫学雑誌 16: 9–10.

Makita, K., Inoshita, K., Kayano, T., Hagiwara, K., Asakawa, M., Ogawa, K., Noda, J., Sasaki, H., Nakatani, N., Higuchi, H., Iwano, H. and Tamura, Y. 2014. Temporal dynamics in environmental and mental health risks in Tsunami affected areas in Ishinomaki, Japan. Environmental Pollution 3: 1–20.

浅川満彦・能田淳. 2014. 東日本大震災被災地におけるネズミ類調査の概要. 森林保護（335）: 20–22.

吉田圭太・加藤英明・浅川満彦. 2018. 石垣島に生息するグリーンイグアナ（*Iguana iguana*）から得られた蟯虫類 *Ozolaimus megatyphlon* の記録. 獣医畜産新報 71: 758–759.

［鳥インフルエンザの防疫］

Onuma, M., Kakogawa, M., Yanagisawa, M., Haga, A., Okano, T., Neagari, Y., Okano, T., Goka, K. and Asakawa, M. 2017. Characterizing the temporal patterns of avian influenza virus introduction into Japan by migratory birds. Journal of Veterinary Medical Science 79: 943–951.

浅川満彦. 2018. 飼育個体への鳥インフルエンザウイルス感染リスク回避に関しての示唆——最新疫学論文の紹介（1）. 鳥類臨床（21）: 15–17.

浅川満彦. 2019. 飼育個体への鳥インフルエンザウイルス感染リスク回避に関しての示唆——最新疫学論文の紹介（2）. 鳥類臨床（23）: 17–19.

浅川満彦. 2020. 飼育個体への鳥インフルエンザウイルス感染リスク回避に関しての示唆——最新疫学論文の紹介（3）. 鳥類臨床（24）: 11–14.

Kakogawa, M., Onuma, M., Kirisawa, R. and Asakawa, M. 2019. Countermeasures for avian influenza outbreaks among captive avian collections at zoological gardens and aquariums in Japan. Journal of Microbiological Experiment 7: 167–171.

Kakogawa, M., Onuma, M., Saito, K., Watanabe, Y., Goka, K. and Asakawa, M. 2020.

Epidemiologic survey of avian influenza virus infection in shorebirds captured in Hokkaido, Japan. Journal of Wildlife Diseases 56: 651–657.

[衛生動物・ワクチン・捕獲]

浅川満彦. 2016. 防除対策——隔離・ワクチン・環境管理.（日本生態学会，編）感染症の生態学. 共立出版，東京: 323–336.

浅川満彦・能田淳. 2019. 環境衛生学の衛生動物——野生動物学などコアカリ科目との関連性から. 北海道獣医師会誌 63: 147–149.

寺澤元子・浅川満彦. 2019. 札幌市で飼育されていたイヌにおけるニホンマムシによる咬傷の1例. NJK Sep 2019: 28–29.

浅川満彦. 2020. 感染症制御における野生動物医学——新たな衛生動物を標的にした視点. 衛生動物 71: 171–178.

浅川満彦. 2003. ロシア・カムチャツカ半島におけるガン類の野生動物医学調査——生態学と獣医学の接点の一事例として. 獣医畜産新報 56: 62–67.

[第6章]

[就職相談]

浅川満彦. 2004. 野生生物の感染症対策に適した人材育成を. 科学（岩波書店）74: 10–11.

浅川満彦. 2016. 酪農学園大学獣医学類卒業者の就職動向とその対応. 獣医学振興 (5): 37–40.

浅川満彦. 2016. 附属高校内に設置された「獣医進学コース」での野生動物医学の初歩に関する授業事例. 第65回東北・北海道地区大学等高等・共通教育研究会研究集録, 山形大学: 122–129.

内田明彦・浅川満彦. 2018. 獣医療のための関連従事者の必要性. 生物科学 69: 114–119.

浅川満彦. 2019. 獣医学徒が抱く漠なる将来像——非典型的な動物の医療に関わる就業とその具体化. 畜産の研究 73: 1001–1006.

[救護活動]

浅川満彦. 1998.「傷ついた野生動物を救護する」とはどのような意味があるのか. くらしのサイエンス (24): 119–123.

上村純平・吉野智生・相澤空見子・中出哲也・都築圭子・谷山弘行・浅川満彦. 2005. 2004年度に酪農学園大学野生動物医学センターで取り扱った傷病鳥獣について. Zoo and Wildlife Medicine（日本野生動物医学会）(20): 10–11.

吉野智生・上村純平・渡邉秀明・相澤空見子・遠藤大二・長雄一・浅川満彦. 2014. 酪農学園大学野生動物医学センターWAMCにおける傷病鳥獣救護の記録（2003年度–2010年度）. 北海道獣医師会誌 58: 123–129.

平山琢朗・浅川満彦. 2013. 傷病救護鳥類対象の寄生虫検査——その意義を自験例および近刊文献から検討する. サポート（野生動物救護研究会）(105): 8–10.

古瀬歩美・牛山喜偉・平山琢朗・吉野智生・浅川満彦. 2015. 酪農学園大学野生動物医学センターWAMCにおける傷病鳥獣救護の記録（2011–2014年度）. 北海道獣医師

会誌 59: 184-187.

浅川満彦. 2017. 環境教育における野生動物救護活動が果たす役割. WRV ニュースレター（100）: 20-21.

浅川満彦. 2018. 鳥類医療の今——なぜ，鳥類を診るセンセイがいないのか？ 愛鳥家のための勉強会講演録. とりきち横丁札幌店，札幌: 11 pp.

浅川満彦. 2019. 直近 1 年間に酪農学園大学野生動物医学センター WAMC に搬入された傷病野生動物のうち 3 例から得られた教訓. サポート（野生動物救護研究会）129: 5-8.

［啓発活動］

浅川満彦. 1998. 公開野生動物教室——小中高学生に対する野生動物関連の啓蒙教育の事例と必要性. 日本獣医師会誌 51: 339-341.

浅川満彦. 2008. 鳥のすべてを学ぶ公開授業. ふるさとの自然（80）: 17-18.

浅川満彦・横田博・市川治. 2009. 動物園水族館関係者を対象とした専門職的な大学院に関する意識調査. 畜産の研究 63: 530-532.

浅川満彦. 2013. 獣医学部生による市民への保全医学啓発活動の実践. 第 62 回東北・北海道地区大学等高等・共通教育研究会研究集録: 78-82.

［国外での留学と就職および卒後教育］

田中祥菜・浅川満彦. 2014. 英国 MSc WAH および WAB 修了者向けニュースレターに見る野生動物医学進路動向（博士課程，ポスドク，生涯教育など）. Zoo and Wildlife Medicine（日本野生動物医学会）（38）: 14-18.

古瀬歩美・浅川満彦. 2014. 英国野生動物医学および生物学専門職大学院修了者向けニュースレター上に見られる関連分野の最新職域動向. 畜産の研究 68: 526-534.

事項索引

188

生物名索引

194

196

著者略歴

浅川満彦（あさかわ・みつひこ）

1959 年　山梨県に生まれる.
1983 年　酪農学園大学獣医学科卒業.
1985 年　北海道大学大学院獣医学研究科中退.
2001 年　ロンドン大学王立獣医大学校／ロンドン動物学会共同開講野生
　　　　　動物医学専門職修士 Master of Science in Wild Animal Health
　　　　　課程修了.
現　在　酪農学園大学獣医学群／野生動物医学センター教授，獣医師，
　　　　　博士（獣医学），日本野生動物医学会認定専門医.
専　門　獣医寄生虫病学・野生動物学・医動物学.
主　著　『いま，野生動物たちは』（分担執筆，1995 年，丸善），『外来種
　　　　　ハンドブック』（分担執筆，2002 年，地人書館），『森の野鳥に
　　　　　学ぶ 101 のヒント』（分担執筆，2004 年，日本林業技術協会），
　　　　　『動物地理の自然史』（分担執筆，2005 年，北海道大学図書刊行
　　　　　会），『新獣医学辞典』（分担執筆，2008 年，緑書房），『獣医公
　　　　　衆衛生学 I・II』（分担執筆，2014 年，文永堂出版），『動物園学
　　　　　入門』（分担執筆，2014 年，朝倉書店），『野生動物の餌付け問
　　　　　題』（分担執筆，2016 年，地人書館），『感染症の生態学』（分担
　　　　　執筆，2016 年，共立出版），『最新寄生虫学・寄生虫病学』（分
　　　　　担執筆，2019 年，講談社），『書き込んで理解する動物の寄生虫
　　　　　病学実習ノート』（編，2020 年，文永堂出版）ほか多数.

野生動物医学への挑戦
寄生虫・感染症・ワンヘルス

　　　　　2021 年 6 月 10 日　初　版
　　　　　2023 年 10 月 5 日　第 3 刷

　　　　　　［検印廃止］

著　者　浅川満彦

発行所　一般財団法人　東京大学出版会

　　　　代表者　吉見俊哉

　　　　153-0041　東京都目黒区駒場 4-5-29
　　　　電話 03-6407-1069　Fax 03-6407-1991
　　　　振替 00160-6-59964

印刷所　株式会社精興社
製本所　牧製本印刷株式会社

© 2021 Mitsuhiko Asakawa
ISBN 978-4-13-062229-5　Printed in Japan

ここに表示された価格は本体価格です．ご購入の際には消費税が加算されますのでご了承ください．

こちらも
おすすめ！

東京大学出版会
営業局キャラクター
くまきち